职业技术 · 职业资格培训教材

数据库管理人员

主　编　张伟平

编　者　栾东庆　孔铭锐　董　黎

主　审　徐龙章　谢海华

Oracle

（四级）第2版

中国劳动社会保障出版社

图书在版编目(CIP)数据

数据库管理人员（Oracle）：四级/上海市职业技能鉴定中心组织编写．—2 版．—北京：中国劳动社会保障出版社，2013

1＋X 职业技术·职业资格培训教材

ISBN 978-7-5167-0141-6

Ⅰ.①数…　Ⅱ.①上…　Ⅲ.①关系数据库系统-技术培训-教材　Ⅳ.①TP311.138

中国版本图书馆 CIP 数据核字(2013)第 022954 号

中国劳动社会保障出版社出版发行

（北京市惠新东街1号　邮政编码：100029）

出版人：张梦欣

*

北京世知印务有限公司印刷装订　　新华书店经销

787 毫米×1092 毫米　16 开本　13.25 印张　248 千字

2013 年 2 月第 2 版　　2013 年 2 月第 1 次印刷

定价：30.00 元

读者服务部电话：（010）64929211/64921644/84643933

发行部电话：（010）64961894

出版社网址：http://www.class.com.cn

内容简介

本教材由人力资源和社会保障部教材办公室、中国就业培训技术指导中心上海分中心、上海市职业技能鉴定中心依据上海1+X数据库管理人员（Oracle）（四级）职业技能鉴定细目组织编写。教材从强化培养操作技能，掌握实用技术的角度出发，较好地体现了当前最新的实用知识与操作技术，对于提高从业人员基本素质，掌握数据库管理人员（Oracle）（四级）的核心知识与技能有直接的帮助和指导作用。

本教材在编写中根据本职业的工作特点，以能力培养为根本出发点，采用模块化的编写方式。本教材分为6章，内容包括：Oracle数据库系统与版本简介、Oracle数据库基础知识、Oracle数据库系统操作、Oracle数据库基础操作、SQL应用、Oracle数据库管理应用。

本教材可作为数据库管理人员（Oracle）（四级）职业技能培训与鉴定考核教材，也可供全国中、高等职业技术院校相关专业师生参考使用，以及本职业从业人员培训使用。

前 言

职业培训制度的积极推进，尤其是职业资格证书制度的推行，为广大劳动者系统地学习相关职业的知识和技能，提高就业能力、工作能力和职业转换能力提供了可能，同时也为企业选择适应生产需要的合格劳动者提供了依据。

随着我国科学技术的飞速发展和产业结构的不断调整，各种新兴职业应运而生，传统职业中也愈来愈多、愈来愈快地融进了各种新知识、新技术和新工艺。因此，加快培养合格的、适应现代化建设要求的高技能人才就显得尤为迫切。近年来，上海市在加快高技能人才建设方面进行了有益的探索，积累了丰富而宝贵的经验。为优化人力资源结构，加快高技能人才队伍建设，上海市人力资源和社会保障局在提升职业标准、完善技能鉴定方面做了积极的探索和尝试，推出了1+X培训与鉴定模式。1+X中的1代表国家职业标准，X是为适应上海市经济发展的需要，对职业的部分知识和技能要求进行的扩充和更新。随着经济发展和技术进步，X将不断被赋予新的内涵，不断得到深化和提升。

上海市1+X培训与鉴定模式，得到了国家人力资源和社会保障部的支持和肯定。为配合上海市开展的1+X培训与鉴定的需要，人力资源和社会保障部教材办公室、中国就业培训技术指导中心上海分中心、上海市职业技能鉴定中心联合组织有关方面的专家、技术人员共同编写了职业技术·职业资格培训系列教材。

职业技术·职业资格培训教材严格按照1+X鉴定考核细目进行编写，教材内容充分反映了当前从事职业活动所需要的核心知识与技能，较好地体现了适用性、先进性与前瞻性。聘请编写1+X鉴定考核细目的专家，以及相关行业的专家参与教材的编审工作，保证了教材内容的科学性及与鉴定考核细目以及题库的紧密衔接。

职业技术·职业资格培训教材突出了适应职业技能培训的特色，使读者通过学习与培训，不仅有助于通过鉴定考核，而且能够真正掌握本职业的核心技术与操作技能，从而实现从懂得了什么到会做什么的飞跃。

职业技术·职业资格培训教材立足于国家职业标准，也可为全国其他省市开展新职业、新技术职业培训和鉴定考核，以及高技能人才培养提供借鉴或参考。

本书在编写过程中得到了上海市信息服务外包发展中心、上海工商外语学校的大力支持与协助，在此表示衷心感谢！

新教材的编写是一项探索性工作，由于时间紧迫，不足之处在所难免，欢迎各使用单位及个人对教材提出宝贵意见和建议，以便教材修订时补充更正。

人力资源和社会保障部教材办公室
中国就业培训技术指导中心上海分中心
上 海 市 职 业 技 能 鉴 定 中 心

目　录

第 6 章 Oracle 数据库管理应用

第 1 章

Oracle 数据库系统与版本简介

第 1 节　Oracle 数据库系统概述

学习目标

➢了解 Oracle 数据库的含义与特点

➢了解 Oracle 数据库的发展历程

➢熟悉 Oracle 数据库的应用范围

知识要求

一、Oracle 公司与 Oracle 数据库

Oracle 数据库是一种大型数据库系统，一般应用于商业、政府部门，它的功能很强大，能够处理大批量的数据，在网络方面也用得非常多。

1. Oracle 公司

Oracle 是一家世界著名的软件公司。这家 1977 年成立于加利福尼亚的软件公司是世界上第一个推出关系型数据库管理系统（RDBMS）的公司。现在，他们的 RDBMS 被广泛应用于各种操作环境：Windows NT、基于 UNIX 系统的小型机、IBM 大型机以及一些专用硬件操作系统平台。年收入 88 亿美元的 Oracle 公司还是全球领先的电子商务解决方案供应商，也是全球第二大软件公司，向全世界 145 个国家的客户提供数据库系统、工具、应用产品以及相关的咨询、培训和支持服务。

2. Oracle 数据库

Oracle 数据库被视为一个逻辑单元，是数据的集合。数据库服务器是解决信息管理问题的关键。通常来说，数据库服务器在多用户环境下能够可靠地管理大量的数据，并且能使多个用户同时并发地访问相同的数据。所有这些数据库服务器都能高性能完成。数据库服务器也阻止未被授权的访问和为故障恢复提供有效的解决方案。

二、Oracle 数据库系统的发展历程

1977 年 6 月，Larry Ellison 与 Bob Miner 以及 Ed Oates 在硅谷共同创办了一家名为软件开发实验室（Software Development Laboratories，SDL）的计算机公司（Oracle 公司

的前身)。那个时候,32 岁的 Larry Ellison——这个读了三家大学都没能毕业的辍学生,还只是一个普通的软件工程师。公司创立之初,Miner 是总裁,Oates 为副总裁,而 Ellison 因为一个合同的事情,还在另一家公司上班。没多久,第一位员工 Bruce Scott 加盟进来,在 Miner 和 Oates 有些厌倦了那种合同式的开发工作后,他们决定开发通用软件,不过他们还不知道自己能开发出来什么样的产品。Oates 最先看到了 E. F. Codd 的那篇著名的论文《R 系统:数据库关系理论》,连同其他几篇相关的文章,并推荐 Ellison 和 Miner 也阅读一下。Ellison 和 Miner 预见到数据库软件的巨大潜力。于是,SDL 开始策划构建可商用的关系型数据库管理系统(RDBMS)。

根据 Ellison 和 Miner 在前一家公司从事的一个由中央情报局投资的项目代码,他们把这个产品命名为 Oracle。因为他们相信,Oracle(字典里的解释有“神谕,预言”之意)是一切智慧的源泉。1979 年,SDL 更名为关系软件有限公司(Relational Software, Inc.,RSI)。1983 年,为了突出公司的核心产品,RSI 再次更名为 Oracle。Oracle 从此正式走入人们的视野。

RSI 在 1979 年的夏季发布了可用于 DEC 公司 PDP－11 计算机上的商用 Oracle 产品,这个数据库产品整合了比较完整的 SQL 实现,其中包括子查询、连接及其他特性。出于市场策略,公司宣称这是该产品的第 2 版,但却是实际上的第 1 版。事实证明,这种策略有时候也是非常成功的。

1983 年 3 月,RSI 发布了 Oracle 第 3 版。Miner 和 Scott 历尽艰辛用 C 语言重新写就这一版本。同样是 1983 年,IBM 发布了姗姗来迟的 Database 2(DB2),但只可在 MVS 上使用。不管怎么说,Oracle 已经占据了先机。

1984 年 10 月,Oracle 发布了第 4 版产品。产品的稳定性得到了一定的增强,用 Miner 的话说,达到了“工业强度”。

1985 年,Oracle 发布了 5.0 版。有用户说,这个版本算得上是 Oracle 数据库的稳定版本。这也是首批可以在 Client/Server 模式下运行的 RDBMS 产品,在技术趋势上,Oracle 数据库始终没有落后。

Oracle 第 6 版于 1988 年发布。由于过去的版本在性能上屡受诟病,Miner 带领着工程师对数据库核心进行了改写,引入了行级锁(row-level locking)这个重要的特性,也就是说,执行写入的事务处理只锁定受影响的行,而不是整个表。这个版本引入了还算不上完善的 PL/SQL(Procedural Language extension to SQL)语言。Oracle 第 6 版还引入了联机热备份功能,使数据库能够在使用过程中创建联机的备份,这极大地增强了 Oracle 的可用性。

Oracle 第 7 版于 1992 年 6 月发布,这一次公司吸取了第 6 版匆忙上市的教训,听取了用户的多方面的建议，并集中力量对新版本进行了大量而细致的测试。该版本增加了许多新的性能特性：分布式事务处理功能、增强的管理功能、用于应用程序开发的新工具以及安全性方法。

1997年6月，Oracle第8版发布。Oracle 8支持面向对象的开发及新的多媒体应用，这个版本也为支持Internet、网格计算等奠定了基础。同时这一版本开始具有同时处理大量用户和海量数据的特性。

1998年9月，Oracle公司正式发布Oracle 8i。"i"代表Internet，这一版本中添加了大量为支持Internet而设计的特性。这一版本为数据库用户提供了全方位的Java支持。Oracle 8i成为第一个完全整合了本地Java运行环境的数据库，用Java就可以编写Oracle的存储过程。

在2001年6月举办的Oracle Open World大会中，Oracle公司发布了Oracle 9i。在Oracle 9i的诸多新特性中，最重要的就是真正应用集群（Real Application Clusters，RAC）了。说起Oracle集群服务器，早在第5版的时候，Oracle公司就开始开发Oracle并行服务器（Oracle Parallel Server，OPS），并在以后的版本中逐渐地完善了其功能。

2003年9月8日，在旧金山举办的Oracle World大会上，Ellison宣布下一代数据库产品为Oracle 10g。Oracle应用服务器10g（Oracle Application Server 10g）也将作为Oracle公司下一代应用基础架构软件的集成套件。"g"代表"grid，网格"。这一版的最大特性就是加入了网格计算的功能。

2007年11月，Oracle 11g正式发布，在功能上大大加强。11g是Orade公司30年来发布的最重要的数据库版本，根据用户的需求实现了信息生命周期管理（Information Lifecycle Management）等多项创新，大幅提高了系统性能安全性，全新的数据卫士（Data Guard）最大化了可用性，利用全新的高级数据压缩技术降低了数据存储的支出，明显缩短了应用程序测试环境部署及分析测试结果所花费的时间，增加了RFID Tag、DICOM医学图像、3D空间等重要数据类型的支持，加强了对Binary XML的支持和性能优化。

三、Oracle数据库的特点与结构

1. Oracle数据库的主要特点

（1）对象/关系模型。Oracle使用了对象/关系模型，也就是在完全支持传统关系模型的基础上，为对象机制提供了有限的支持。Oracle不仅能够处理传统的表结构信息，而且能够管理由C++、Smalltalk以及其他开发工具生成的多媒体数据类型，如文本、视频、图形和空间对象等。这种做法允许现有软件开发产品与工具软件及Oracle应用软件共存，保护了客户的投资。

（2）动态可伸缩性。Oracle 引入了连接存储池和多路复用机制，提供了对大型对象的支持，当需要支持一些特殊数据类型时，用户可以通过创建软件插件来实现。Oracle 9i 采用了高级网络技术，提供了共享池和连接管理器来提高系统的可扩展性，容量可从几 GB 到几百 TB，可允许 10 万用户同时并行访问，Oracle 数据库中每个表可以容纳 1 000 列，能满足目前数据库及数据仓库应用的需要。

（3）系统的可用性和易用性。Oracle 提供了灵活多样的数据分区功能，一个分区可以是一个大型表，也可以是索引，易于小块的管理，可以根据数据的取值分区，有效地提高了系统操作能力及数据可用性，减少了 I/O 瓶颈。Oracle 还对并行处理进行了改进，在位图索引、查询、排序、连接和一般索引扫描等操作中引入并行处理，提高了单个查询的并行度。

（4）系统的可管理性和数据安全功能。Oracle 提供了备份和恢复功能，改进了对大规模和更加细化的分布式操作系统的支持，加强了 SQL 操作复制的并行性。为了帮助客户有效地管理整个数据库和应用系统，Oracle 还提供了企业管理系统，数据库管理员可以通过一个集中控制台拖放式图形用户界面管理 Oracle 的系统环境。

（5）对多平台的支持与开放性。网络结构往往含有多个平台，Oracle 可以运行于目前所有主流平台上，如 SUN Solarise、Sequent DYNIX/ptx、Windows NT、HP-UX、DEC UNIX、IBM AIX 等。Oracle 的异构服务为同其他数据源以及使用 SQL 和 PL/SQL 的服务进行通信提供了必要的基础设施。

2. Oracle 数据库新特性

自 Oracle 10g 起提供了网格计算的新特性，网格就是一个集成的计算环境，或者说是一个计算资源池；网格计算基于网格问题求解，是借鉴电力网的概念提出的，最终目的是希望用户在使用网格计算能力时，如同现在使用电力一样方便，无须知道电力的来源。同时，网格也希望给最终的使用者提供的是与地理位置无关、与具体的计算设施无关的通用的计算能力。

Oracle 体系结构资源池以灵活的、随机应变的计算能力为企业计算提供支持，它由大量的服务器、存储库和网络组成。因此，网格计算组织在需要的时候不断地分析资源和调整供应。

网格计算使用成熟的工作量管理技术，使得应用程序采用多个服务器来共享资源成为可能。在需要的时候，数据处理能力能够被增加或移除，能够动态地供应特定场所的资源。网页服务器能快速集成应用程序来创建新的业务流程。

网格计算体现了高性能和可测量性，在应用程序需要的时候所有的计算资源都能被灵活地分配。

3. Oracle 服务器体系结构

Oracle 服务器由两部分组成，即由 Oracle 数据库和 Oracle 实例组成。

四、Oracle 数据库的应用范围

1. 企事业范围内应用

Oracle 商务智能系统（Oracle Business Intelligence System，Oracle BIS），是新一代的企业管理软件，它也是一种基于互联网的绩效管理系统。这个系统提供了一种可以对企事业绩效进行管理的架构，利用它可以不断地对管理过程进行改进。通过及时地和准确地传递各种有关的信息，BIS 可以帮助企业的管理者更快更好地做出决策。BIS 是 Oracle 电子商务套件的组成部分，它将使企业转变为电子商务企业。

Oracle BIS 可以对由 Oracle 电子商务套件提供的“后台办公”和“前台办公”数据做出详细的分析。它包括：ERP 应用软件，如 Financials、Human Resources、Purchasing、Operations 和 Manufacturing；CRM 应用软件，它们支持 Sales、Service、Customer、Marketing 和 Interaction Center（Call Center）。利用这个系统，用户可根据自身的战略目标制定具体的管理目标，并对公司各领域的业绩进行监督，并在业绩指标超出允许范围时收到提示并立即采取相应措施。

2. 政府教育机构范围内应用

在当今社会逐步向服务型社会转变的过程中，公众对公共部门的服务质量、办事效率和管理透明度要求越来越高。我国的政府及公共行业信息化建设已经取得了巨大进步，同时，作为公共服务部门的主要组成部分，政府、教育、医疗等机构均面临着各自的业务挑战。

针对政府部门未来的发展，Oracle 公司推出了 Oracle iGovernment 架构，它是一个以开放标准和服务导向架构为基础而开发的数据库、中间件和应用产品平台，可以帮助政府机关和公共行业机构实现创新型、集成式和智能化的管理。iGovernment 可以帮助政府机构提高效率、降低成本、增强透明度并更快地响应当前和未来的各项指令，如提供共享服务、24 小时不间断的政府服务等。

Oracle iGovernment 为政府部门提供了一条超越电子政务的途径。尽管电子政务已经帮助很多政府机构向公众提供了大量信息并实现了关键的政府事务处理功能，但是机构运行一般还是由定制、独立以及每个业务流程特有的系统驱动的，这不利于提高效率、降低成本以及提供由各部门单独部署的服务。通过实施客户关系管理、实例管理等应用以提供共享服务，政府机构可以极大地改善提供服务的方式、收集大量反馈信息以提高绩效并降低成本。

Oracle Siebel CRM 和 Oracle Siebel 协同办公平台则是 Oracle iGovernment 架构下的关键产品之一。Oracle Siebel 协同办公平台提供了包括资产管理、车辆及会议室管理、会议管理、人事管理、通讯录在内的一系列公共事务管理模块。在行政审批上，Oracle Siebel 协同办公平台提供了非常灵活方便的网上审批功能，用户可以自定义审批流程、审批模板，可以定义逐级审批，也可以定义同级审批，可以定义个人审批，也可以定义小组审批。Oracle Siebel 协同办公平台还提供了标准接口和统一界面，以便于操作。而借助集成的 Oracle Siebel CRM，政府机构能够使用基于 Web 的信息门户和集中的呼叫中心来为公众提供更直观、更全面的第一联系点。通用信息和服务请求能够由自助式 Web 功能或跨机构工作的呼叫中心坐席来处理，进而对公众的投诉与需求做出快速反应，以提高办公效率，加快行政审批，提升市民对政府及公共行业的服务满意度。

第 2 节 Oracle 数据库版本介绍

学习单元 1 Oracle 9i

学习目标

➢熟悉 Oracle 9i 的特性

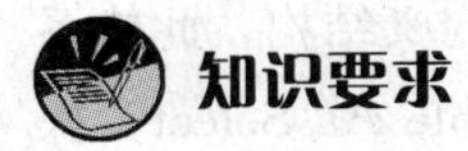

知识要求

一、Oracle 9i 简述

Oracle 9i 是业界第一个用于互联网的新一代智能化的、协作各种应用的软件基础架构。Oracle 9i 实际上是指 Oracle 9i Database、Oracle 9i Application Server 和 Oracle 9i Developer Suite 的完整集成。

1. Oracle 9i 的诞生

Oracle 9i 的发布，为 Oracle 数据库、应用服务器和开发工具引入了许多新功能。随着软件逐渐转变为一种托管服务(hosted services),具有Internet上的高伸缩性能的、智能化的和可靠的Oracle 9i将成为实现高质量的电子商务服务的关键软件。

2. Oracle 9i的应用

Oracle 9i应用服务器(Oracle 9i Application Server)是市场上集成最全面的应用服务器。它完全基于标准并提供完整的Java 2 Enterprise Edition(J2EE)环境,该环境为轻型的,并且具有非常小的内存覆盖区,以便于使用。Dracle 9i AS是当今业内可用的最快速的J2EE容器。它可运行任何允许通过传统浏览器或任何无线设备进行访问的网站、门户或Internet应用程序。通过全面的集成框架、建模工具、预创建的适配器和Web Service,用户可重新定义商务过程,并与关键的贸易合作伙伴集成应用程序和数据。可以通过实时个性化提供量身定做的1∶1客户体验,使用单击流分析评估和关联网站通信模式,并使用集成的商务智能服务获取最新商务信息。使用Oracle 9i AS,用户可通过部署最快、具有高可伸缩性的Internet应用程序(利用Web缓存、负载均衡和集群功能),节省网站基础架构成本。最后,用户可实施一个集中的管理、安全和目录框架,管理和监控所有分布式系统和各种用户社区。

二、Oracle 9i的新特性

1. 实现连续的数据可用性

Oracle 9i大幅度地扩展了Oracle在Internet数据库可用性方面的作用。其中包括:

(1)世界领先的数据保护环境。Oracle 9i包括了许多改进数据保护的新特性。除了对现有的Standby产品进行了重点增强外,还包括了一个提供监视、自动化和控制的框架。与管理备用数据有关的许多任务也是自动化的,包括初始化实现、错误跳转和轻松的主从之间的来回切换。在Oracle 9i中还增强了LogMiner,以便提供全面的基于SQL的日志分析。

(2)联机数据演变。Oracle 9i包含了一个新的联机重新组织和重新定义结构,此体系提供了更为强大的重新组织功能。Oracle 9i目前允许联机"Create Table As Select"操作。在新的体系结构中,表的内容被复制到一个新表中,在复制内容的同时,数据库跟踪对原始表的更新。使用新的体系结构,可以联机更改表的任何物理属性,另外许多逻辑属性都可以更改。Oracle 9i还支持索引编排表上级次索引的联机创建、重建等。DBA用户也能快速地停止数据库,以便执行要求非活动事务处理的操作。

(3)准确的数据库修复。Oracle 8i包含非常完备的恢复功能,Oracle 9i通过使这些功能更强大和更准确对它们进行了扩展。Oracle 9i包括对磁盘损坏的更好的预防和改进的处理方法。Oracle 9i也可以通过使用新的两关口恢复算法更快地从崩溃中恢复过来,此算法确保只有那些需要处理的块才从数据文件中读取和写入数据文件。

（4）自我服务错误更正。Oracle 9i 包含了处理人为错误的强大技巧，包含授权终端用户以更准确、更有效和更容易的方式更正其自身错误的功能。要更改错误，终端用户需要能够通过查看更改历史识别错误，并且需要能够通过将数据恢复为错误发生之前的数据来取消错误。查询数据库更改历史的方法有两种，一种是利用 Oracle 9i 的 Flashback（回闪式）的查询特性从过去的某一点来查询数据，一种是利用 LogMiner 从日志文件中查询数据库的更改历史。

2. 可伸缩性和性能的大幅提高

Oracle 9i 允许电子商务扩展到千万用户，每个用户每小时都能执行数百万事务处理。有关这方面的包括：

（1）Oracle 9i Real Application Clusters-Cache Fusion。Oracle 9i 中的 Real Application Clusters 技术可以使所用的应用程序不经修改便能获得数据库的高可用性、可伸缩性和高性能。该技术全面采用的 Oracle 9i Cache Fusion（缓存融合）体系结构利用簇中所有节点的聚合高速缓存来满足数据库请求。Oracle 9i Cache Fusion 在读/读、读/写和写/写争用的情况下直接将数据块从一个节点的高速缓存运送到另一个节点的高速缓存。这建立在处理读/写争用以前的 Oracle 8i Cache Fusion 执行的基础之上。

（2）可伸缩的会话状态管理。新的共享内存功能、Java 会话支持的改进、联网和多线程服务器的改进大大减少了 Oracle 9i 上每个用户所需的覆盖区，从而允许将更多的用户托管在同一个或更大的硬件平台上。

（3）对电子商务起关键作用的优化特性。Oracle 9i 中的特定性能的改进集中于改进对电子商务解决方案起关键作用的领域和性能。对本地编译改进的 PL/SQL 优化的支持大大提高了当今许多应用程序的性能。对应用程序服务器和后端的 Oracle 9i 数据库之间的连接来说，Oracle Net Services 的新特性——虚拟接口（Virtual Interface，VI）Protocol 支持性能改善了 10%。此外，特定的网络接口优化、新改进的虚拟线路 I/O 和统一的事件等待模式都大大提高了客户机/服务器的通信性能。通过使用 Oracle 调用接口（Oracle Call Interface，OCI）来重做数据库/数据库通信，提高了分布式数据库的性能。

3. 增强的端到端的安全体系结构

Oracle 9i 继续提供业界最安全的应用平台和部署平台。包括：

（1）健壮的三层安全。通过代理认证增强了三层安全，包括 X. 509 许可证文件或判别名（DN）的信用代理、对胖 JDBC 的支持、应用程序用户的连接共享（胖 JDBC 和瘦 JDBC、OCI）和与 Oracle Internet Directory 的集成。

（2）基于标准的 PKI。Oracle Advanced Security（高级安全）基于标准的 PKI 包括

Public Key Certificate（PKCS＃12）的支持，允许现有的 PKI 信用由 Oracle Wallet 共享，从而降低了 PKI 部署成本并增强了交互操作性。

（3）深层数据库保护。Oracle Label Security，一个基于 Virtual Private Database（虚拟私有数据库，VPD）的产品，具有更强的 VPD 功能，更加精细的粒度审核，能够提供更让人放心的主机安全。精细的粒度审核允许定义审核政策，它能够为数据库指定触发相应的审核事件的存取提前操作，并利用一种灵活的事件处理器，将触发的事件通知系统管理员。

（4）改进的 Enterprise User Security（企业用户安全）。Oracle Advanced Security 的 Enterprise User Security 得到了增强，其中包括在 Oracle Internet Directory 中提供了基于密码的用户管理，而且密码管理的功能也得到了加强，这些促进了用户和安全政策管理的改善。

（5）数据加密。增加了将一个安全随机数产生器（Random Number Generator，RNG）合并到 DBMS _ OBFUSCATION _ TOOLLKIT 中的数据存储加密功能。

（6）Oracle Internet Directory（Oracle 因特网目录）。Oracle 9i 支持 LDAP（Lightweight Directory Access Protocol，轻量目录访问协议）技术以实现网络命名系统的管理、方便系统的部署，不论客户拥有一个还是几百个数据库，每个数据库拥有十几个还是成千上万个用户。

4. 电子商务应用程序的开发平台

Oracle 9i 继续为电子商务应用程序和传统应用程序的开发提供最佳的开发平台。包括：

（1）Enterprise Java Engine。在 Oracle 8i 的第三版中，就已提供了一系列 Java 特性，Oracle 9i Database 第 1 版对 Java 的支持主要集中在：提高嵌入式 Java Virtual Machine（虚拟机）的性能、提供新的 JDBC 和 SQL 功能、增强 Java 存储过程以及对 J2EE 容器的错误修正。

（2）Oracle 9i 以许多增强的数据库操作为特征，这些操作通过 SQL 将 XML 存储在数据库中并将传统数据库数据转换为 XML。在 Oracle 9i 中支持两个主要的 XML 领域，一个是内置的 XML Developer Kit（XML 开发工具包，XDK），一个是本地 XML 类型。

（3）SQL 和 PL/SQL 改进。在 Oracle 9i 中改进了 SQL 和 PL/SQL，以满足现代开发的要求。除了本地编译外，还改进了总体 PL/SQL 编译。为了增强对象的有用性，继承、类型演变和动态方法分派在 Oracle 9i 中均得到支持。Oracle 9i 也支持新的 ANSI 要求，包括对 CASE 语句、符合 ANSI 的链接和保留版本标注的支持。

5. **可管理性**

可管理性是 Oracle 9i 的主要改进之一。Oracle 9i 采取的管理方法有以下 5 个方面：

（1）自我管理数据。Oracle 9i 数据库能够管理其自身的撤销（回退，Rollback）段，管理员不再需要仔细规划并优化回退段的数目和大小，或者为如何在策略上将事务处理分配给特定的回退段而操心。内存管理是 Oracle 9i 中给予重大管理的另一个领域。

（2）改进和简化的操作管理。数据库的其他传统管理领域也得到了改进。随着 Oracle 9i 中持久地引入 INIT. ORA 特性，允许管理员在设有 INIT. ORA 本地副本的情况下从远程机器启动数据库。

（3）精细的、自动化的资源管理。在 Oracle 8i 中引入的 Database Resource Manager，在 Oracle 9i 中得到了极大地增强，能够对更细小的资源进行控制，并且增加了一些新的特性。

（4）管理工具和技巧。Oracle 9i 提供了新的特性、工具和技巧，给管理员留下了很少的工作。在 Oracle 9i 中，Oracle Enterprise Manager 继续提供支持数据库和整个电子商务平台的新功能的易用管理工具。为了进一步简化管理任务，增强了 Oracle Enterprise Manager，包括有指导的专家诊断和问题解决方案。所有的基本管理功能都是基于 Web 的，管理员可以直接从 Web 浏览器管理其系统。

（5）端到端的系统管理解决方案。在 Oracle 9i 中，Oracle Enterprise Manager 也允许管理员超出仅监视单个目标（如数据库）的性能这一范围，管理员能够监视基于 Oracle 的整个系统的响应，并确保它们符合所需要的商业服务级别约定。

三、Oracle 9i 数据库版本

Oracle 9i 数据库提供了 3 种版本，各版本适用于不同的开发及部署环境。

1. **企业版**

企业版（Oracle Database Enterprise Edition）为重要任务应用提供了性能、有效性、可测量性和安全性等需求，如高吞吐量的联机事务处理（OLTP）应用，密集查询的数据仓库，要求严格的网络应用。Oracle Database Enterprise Edition 包含了所有的 Oracle 数据库组件，具有更加强大的功能和更多优势的选择。

2. **个人版**

个人版（Oracle Database Personal Edition）提供了单用户的开发和部署环境，它的需求与 Oracle Database Standard Edition One、Oracle Database Standard Edition、Oracle Database Enterprise Edition 全兼容。

3. 标准版

标准版 1（Oracle Database Standard Edition One）在使用、运行能力、性能方面提供了空前的灵活性，应用于工作组、部门和 Web 应用中。从较少业务的单服务器环境到多方面的分布环境，Oracle Database Standard Edition One 为重要业务应用提供了所有必需的功能。

学习单元 2　Oracle 10g

学习目标

➢了解 Oracle 10g 的特性

知识要求

一、Oracle 10g 简述

Oracle 公司在一些场合曾暗示：Oracle 9i 数据库只是一个过渡性的产品，真正的技术革新很可能在下一版，也就是现在大家都知道的 10g 中体现出来。Oracle 10g 数据库是第一个专门设计用于网格计算的数据库，网格计算是伴随着互联网技术而迅速发展起来的，被誉为继 Internet 和 Web 之后的第三波信息技术浪潮。网格概念的核心是“资源与服务”及“资源共享”。

1. Oracle 10g 的诞生

2004 年 2 月，Oracle 公司正式发布了 Oracle 10g 数据库产品，2005 年下半年，Oracle 公司发布了 Oracle 10g 的第 2 版（Oracle 10g Release 2），在第 2 版中，Oracle 继续致力于提高效率以及降低信息管理的成本。

2. Oracle 10g 的应用

Oracle database 10g 有 4 个版本，每个版本适用于不同的开发和部署环境。另外，Oracle 还提供了额外的几种可选数据库产品，这些产品针对特殊的应用需求，增强了 Oracle database 10g 的功能。

下面是 Oracle database 10g 的可用版本：

（1）Oracle 数据库 10g 标准版 1（Oracle database 10g standard edition one）。其为工

作组、部门级和互联网应用程序提供了前所未有的易用性和性价比。从针对小型商务的单服务器环境到大型的分布式部门环境，Oracle database 10g 包含了构建关键商务的应用程序所必需的全部工具。

（2）Oracle 数据库 10g 标准版（Oracle database 10g standard edition）。Oracle 数据库 10g 标准版提供了 Oracle 数据库 10g 标准版 1 的所有功能，并且真正应用集群提供了对更大型的计算机和服务集群的支持。它可以在最高容量为 4 个处理器的单台服务器上或者在一个支持最多 4 个处理器的服务器集群上使用。

（3）Oracle 数据库 10g 企业版（Oracle database 10g enterprise edition）。Oracle 数据库 10g 企业版为关键任务的应用程序（如大业务量的在线事务处理即 OLTP 环境、查询密集的数据仓库和要求苛刻的互联网应用程序）提供了高效、可靠、安全的数据管理。Oracle 数据库 10g 企业版为企业提供了满足当今关键任务应用程序的可用性和可伸缩性需求的工具及功能。它包含了 Oracle 数据库的所有组件，并且能够通过购买选项和程序包来进一步得到增强。

（4）Oracle 数据库 10g 个人版（Oracle database 10g personal edition）。Oracle 数据库 10g 个人版支持与 Oracle 数据库 10g 标准版 1、Oracle 数据库标准版和 Oracle 数据库企业版完全兼容的单用户开发和部署。

二、Oracle 10g 的新特性

Oracle 在其技术白皮书上阐明，10g 版本的 Oracle 数据库的关键目标有两个：降低管理开销，提高性能。包括：高可用性的增强，新的 Flashback 能力、支持回滚更新操作；安全性的增强，便于管理大量的用户；BI 方面的增强，包括改进的 SQL 能力、分析功能、OLAP、数据挖掘的能力等；对非关系型数据存储的能力得到了改进；XML 的能力的增强；对开发能力支持的加强。对生物信息学（Bioinformatics）的支持。

下面对各个方面做简要介绍：

1. 性能与扩展能力

（1）为新的架构提供支持。Oracle 10g 为 Intel 64 位平台提供支持，支持 InfiniBand，极大地提高了多层开发架构下的性能和可扩展能力。新的版本也借用了 Windows 操作系统对 Fiber 支持的优势。

（2）高速数据处理能力。在 Oracle 10g 版本中，一个新类型的表对象被引入。该表结构对大量插入和解析数据很有益处。这个表结构对 FIFO 的数据处理应用有着很好的支持。这样的应用在电信、生产应用中经常用到。通过使用这种优化的表结构，能够对电信级的应用起到巨大的性能改进作用。

(3) RAC workload 管理。Oracle 10g 提供了一个新的服务框架，使得管理员将此作为服务进行设置并管理监视应用负载。

(4) 针对 OLAP 的分区。Oracle 10g 通过对哈希分区的全局索引的支持，可以提供大量的并发插入的能力。

(5) 新的改进的调度器 (Scheduler)。Oracle 10g 引入了一个新的数据库调度器，提供了企业级调度功能。这个调度器可以使得管理员有能力在特定日期、特定时间调度作业。还有能力创建调度对象的库，能够和既有的对象被其他的用户共享。

2. 可治理性

这个版本的 Oracle 的一个引人注目之处就是管理上的极大简化。大量复杂的配置和部署设置被取消或者简化。常见的操作过程被自动化。不同区域的大多数调整和治理操作得到简化。

(1) 简化的数据库配置与升级。提供了预升级检查能力，有效地减少了升级错误。去除了很多和数据库配置有关的任务或者对其加以自动化。在初始安装的时候，所有数据库都被预配置包括在 OEM 环境中而无须建立一个管理资料库。补丁程序可以自动标记并自动从 Oracle Metalink 下载。

(2) 自动存储管理。新版本的数据库能够通过配置使用 Oracle 提供的存储虚拟层 (Storage Virtualization Layer)，自动并简化数据库的存储。管理员现在可以管理少数的磁盘组而无须管理数千个文件。自动存储管理功能可以自动配置磁盘组，提供数据冗余和数据的优化分配。

(3) 自动的基于磁盘备份与恢复。Oracle 10g 极大地简化了备份与恢复操作。这个改进被称作 Disk based Recovery Area，可以被一个联机 Disk Cache 用来进行备份与恢复操作。备份可以调度成自动化操作，自动化优化调整。备份失败的时候，可以自动重启，以确保 Oracle 能够有一个一致的使用环境。

(4) 应用优化。在以前的版本中，DBA 更多时候要手工对 SQL 语句进行优化调整。Oracle 10g 引入了一些新的工具，从此 DBA 无须手工做这些累人的事情。

(5) 自动化统计收集。为对象自动化收集优化统计。

(6) 自动化实例调整。DBA 需要干预的事情越来越少。

(7) 自动化内存调整。上一个版本对 SGA 能够进行自动化调整，这个版本能够对 SGA 的相关参数进行调整。这意味着 DBA 只需要对 2 个内存参数进行配置：用户可用的总的内存数量和共享区的大小。

3. 高可用性的加强

(1) 缩短应用和数据库升级的宕机时间。

（2）回闪（Flashback）任何错误。该版本的 Oracle 也扩展了 Flashback 的能力。加了一个新类型的 Log 文件，该文件记录了数据库块的变化。这个新的 Log 文件也被自动磁盘备份和恢复功能所治理。假如有错误发生，例如，针对不成功的批处理操作，DBA 可以运行 Flashback。用这些 before Images 快速恢复整个数据库到先前的时间点，无须进行恢复操作，这个新功能也可以用到 Standby 数据库中。

Flashback 是数据库级别的操作，也能回闪整个表。既有的 Flashback 查询的能力也已经得到加强。在这个版本中，管理员能够快速查看特定事务导致的变化。

（3）增强数据保护。

（4）安全的加强。VPD 得到了改进，支持更多的安全协议。

4. 数据整合

（1）Oracle streams。这个版本也包括 Oracle streams 功能、性能以及管理上的改进。新功能包括对产品数据库进行数据采集和挖掘操作等。对 LONG、LONG RAW、NCLOB 等数据类型的支持得到加强。对 IOT/级联删除支持得到加强，性能也得到提升。

（2）Data Pump。Oracle Data Pump——高速、并行的技术架构，能够快速地在数据库间移动数据与元数据。最初的 Export/Import 被 Data Pump Export/Data Pump Import 所取代，并提供了完美粒度的对象选择性。Data Pump 操作具有可恢复性。相比 Export/Import，有了很大的改进。归档数据、逻辑备份的数据和可传输的表空间都可以用 Data Pump 来操作。

5. 支持商务智能/数据仓库和生物信息学（Bioinformatics）

（1）超大数据库的支持。可支持到 8EB 的数据量。改进的存储、备份、恢复管理也对超大数据库有着很好的支持。分区可以支持索引组织表。

（2）缩短信息周转时间。新版本的 Oracle 提供了加强的 ETL 功能。可以方便地构建大型数据仓库和多个数据集市。一个新的变化数据捕捉的框架使管理员能够轻易地捕捉并发布数据的变化。新的 CDC 功能利用的是 Oracle 的 Stream 技术架构。

对于大数据量的转移，新版本提供了对可传输表的跨平台的支持，能使大批量数据快速从数据库上脱离并附接到第二个数据库上。

（3）增强的外部表功能。

（4）SQL Loader 的功能加强。

（5）增强的 SQL 分析能力。SQL 语句的功能针对 BI 得到了极大地增强。

（6）增强的 OLAP 分析功能。Oracle 内建的分析功能得到增强。提供了新的基于 PL/SQL 和 XML 的接口。提供了新的并行能力，以便于进行聚合和 SQL IMPERT 操作。一些算法得到改进。同时 OEM 能够用来监视并治理数据挖掘环境。

(7) 对生物信息学的支持。这个版本包含对生物信息学技术的特定支持。包括对Double和Float数据类型的本地化支持。内建的统计函数支持常见的ANOVA分析等。

(8) 改进的数据挖掘的能力。

6. 扩展数据治理能力

(1) 在XML方面的增强。

(2) 多媒体。在前面的版本中，存在着媒体文件4GB大小的限制。现在媒体文件的4GB大小的限制去掉了(现在的限制是：8～128TB)。通过SQL多媒体标准能够访问多媒体数据。对更多新的多媒体格式也提供支持。

(3) 文档和文本治理。提供了自动发现未知的文档语言和字符集的功能。支持新的German拼写规则、Japanese adverb等。

本地分区的文本索引可以联机创建。文档可以在创建和重建索引的时候插入。文档服务如高亮功能无须重建索引。检索文档的能力也得到了提高。

7. 应用开发方面的加强

(1) SQL语言的加强。SQL和PL/SQL对正则表达式提供支持，一条SQL语句能够完成更为复杂的功能。这个版本还支持表达式过滤。

(2) PL/SQL的增强。最重要的当数新的PL/SQL优化编译器，它提供了一个框架，以有效地优化和编译PL/SQL程序。这个版本还引入了两个新的数据库包：UTL _ COMPRESS、UTL _ MAIL。

(3) 全球化和Unicode的增强提供了全救化开发工具包(GDK)。通过Oracle NLS定义文件，使其具有与平台无关的特性。

(4) Java Improvements。对JDBC提供更好的支持。

8. 其他

其他的还包括OCCI和预编译器的改进，数据库Web服务的改进，基于Web的开发环境的加强等。

三、Oracle 10g数据库版本

Oracle 10g分为4个版本，分别是：

1. Oracle Database Standard Edition One

Oracle Database Standard Edition One为最基本的商业版本，包括基本的数据库功能。

2. Oracle Database Standard Edition

Oracle Database Standard Edition为标准版，包括上面所说基本商业版本的功能和RAC，只有在10g的标准版中才开始包含RAC。

3. Oracle Database Enterprise Edition

Oracle Database Enterprise Edition 为企业版，虽说是最强劲的版本，但是并不是所有常用的功能都在这个版本中，很多东西仍然是要额外付费的。

4. Oracle Database Personal Edition

Oracle Database Personal Edition 为个人版，除了不支持 RAC 之外，包含企业版的所有功能，需要注意的是，只有在 Windows 平台上才提供个人版。

第 2 章

Oracle 数据库基础知识

第 1 节　Oracle 数据类型

学习单元 1　数据库基本类型

学习目标

➢掌握数据库的基本类型

知识要求

当今人类社会已经进入了信息化时代，信息资源已经成为人们生活中必不可少的重要而宝贵的资源。作为信息系统核心技术和重要基础的数据库技术有了飞速发展，并得到了广泛的应用。

由于大量的信息以数据的形式存储在计算机系统中，为了方便人们查询、检索、处理加工、传播所需要的信息，就提出了需要对数据进行分类、组织、编码、存储、检索和维护的数据库管理工作。而数据管理技术本身也经历了长足的发展，先后经历了人工管理、文件系统和数据库系统三个阶段。

在人工管理阶段，数据处理都是通过手工进行的，这种方式处理数据量小、数据不能保存、没有软件系统对数据进行管理，对程序的依赖性太强，并且有大量重复冗余数据。为了解决手工进行数据管理的缺陷，随着数据库技术的发展，人们提出了文件管理的方式，解决了应用程序对数据的依赖性较强的问题，给程序和数据定义了数据存取公共接口，数据可以长期保存，不属于某个特定的程序，使数据组织多样化（如：索引、链接文件等技术），但仍然存在大量数据冗余、数据不一致、数据联系弱的特点（文件之间是孤立的，整体上不能反映客观世界事物之间的内在联系）。为了解决文件数据管理的缺点，人们提出了全新的数据管理方法，即数据库系统，该方法充分地使数据共享，能交叉访问，与应用程序高度独立。而数据库系统根据其建立的模型基础的不同而不同，其中使用最为广泛的是建立在关系模型基础之上的关系型数据库，如：Oracle 数据库系统、SQL

Server 数据库管理系统等，这类数据库系统满足关系模型的三大要素：关系数据结构，关系操作集合，关系完整约束。以下将介绍关系型数据库的特点。

一、数据库的组成与特点

数据（DATA）：数据是描述现实世界事物的符号标记，是指用物理符号记录下来的可以鉴别的信息，包括：数字、文字、图形、声音及其他特殊符号。

数据库（DATABASE）：数据库是按照一定的数据模型组织存储在一起的，能被多个应用程序共享的、与应用程序相对独立的相互关联的数据集合。

数据库管理系统（Database Management System，DBMS）：数据库管理系统是指帮助用户使用和管理数据库的软件系统。

1. 数据库管理系统的组成

（1）用于建立、修改数据库的库结构的数据定义语言 DDL。

（2）供用户对数据库进行数据的查询和存储等的数据操作语言 DML。

（3）其他管理与控制程序（例如，TCL 事务控制语言、DCL 数据控制语言等）。

2. 数据库管理系统的特点

（1）数据结构化。

（2）数据共享度高，冗余度低，易扩充。

（3）数据独立性高。

（4）数据由 DBMS 统一管理和控制。

二、关系型数据库

关系型数据库以关系数学模型来表示数据。关系数学模型以二维表的形式来描述数据。一个完整的关系型数据库系统包含 5 层结构（由内往外），如图 2—1 所示。

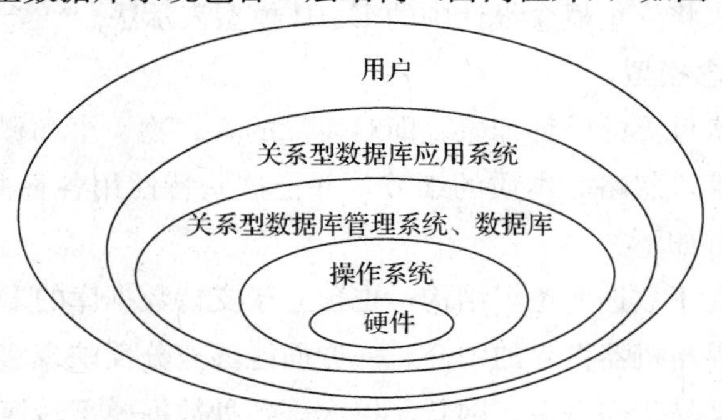

图 2—1　关系型数据库系统的层次结构

1. 硬件

硬件是指安装数据库系统的计算机，包括以下两种：服务器、客户机。

2. 操作系统

操作系统是指安装数据库系统的计算机采用的操作系统。

3. 关系型数据库管理系统、数据库

关系型数据库是存储在计算机上的、可共享的、有组织的关系型数据的集合，关系型数据库管理系统是位于操作系统和关系型数据库应用系统之间的数据库管理软件。

4. 关系型数据库应用系统

关系型数据库应用系统是指为满足用户需求，采用各种应用开发工具和开发技术开发的数据库应用软件。

5. 用户

用户是指和数据库打交道的人员，包括如下3类人员：

（1）最终用户：应用程序的使用者，通过应用程序与数据库进行交互。

（2）数据库应用系统开发人员：是指在开发周期内，完成数据库结构的设计、应用程序的开发等任务的人员。

（3）数据库管理员：就是通常所说的数据库DBA，其职能就是对数据库进行日常管理，例如，数据备份、数据库监控、性能调整、安全监控与调整等任务。

三、数据库设计中的E—R模型

人们在现实生活中需要把现实事物的数据特征按某种方式进行抽象，以便能够准确、方便地表示信息世界，这种“抽象方式”就是使用合适的模型来描述信息世界。其中最常用的就是E—R模型，即实体—联系法。这种方法接近人的思维，与计算机无关、容易被用户接受，所以人们在设计数据库，把现实世界抽象为概念结构的时候，总是常用E—R模型来描述它。接下来将介绍概念设计中的E—R模型表示法。

1. 概念结构（概念模型）

概念结构是对现实世界的一种抽象，即对实际的人、物、事和概念进行人为处理，抽取人们关心的共同特性，忽略非本质的细节，并把这些特性用各种概念精确地加以描述。概念结构的要点和图解如下：

（1）概念结构独立于数据库逻辑结构，也独立于支持数据库的DBMS，不受其约束。

（2）它是现实世界与机器世界的中介，一方面能够充分反映现实世界，包括实体和实体之间的联系，同时又易于向关系、网状、层次等各种数据模型转换。

（3）它应是现实世界的一个真实模型，易于理解，便于和不熟悉计算机的用户交换意见，使用户易于参与。

(4) 当现实世界的需求改变时，概念结构又可以很容易地做相应调整。因此，概念结构设计是整个数据库设计的关键所在，如图 2—2 所示。

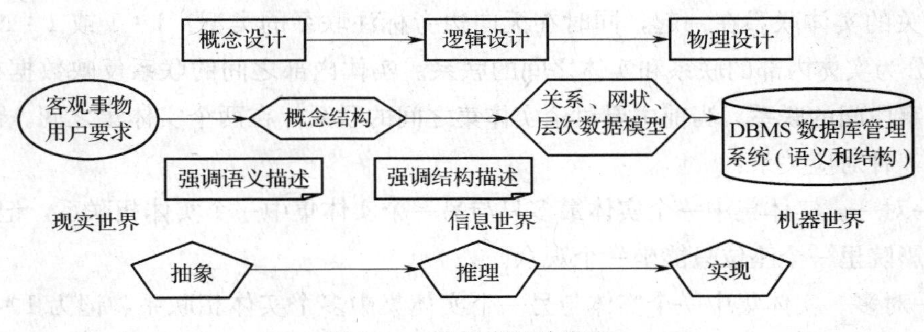

图 2—2 数据库设计流程

2. 概念结构设计方法

概念结构设计通常有以下 4 类方法：

(1) 自顶向下。即首先定义全局概念结构的框架，然后逐步细化。

(2) 自底向上。即首先定义各局部应用的概念结构，然后将它们集成起来，得到全局概念结构。

(3) 逐步扩张。首先定义最重要的核心概念结构，然后向外扩充，以滚雪球的方式逐步生成其他概念结构，直至生成总体概念结构。

(4) 混合策略。即将自顶向下和自底向上相结合，先用自顶向下策略设计一个全局概念结构的框架，再以它为骨架集成由自底向上策略中设计的各局部概念结构。

其中最经常采用的策略是自顶向下地进行需求分析，然后再自底向上地设计概念结构。整个过程是：数据抽象与局部视图（E－R）设计→视图的集成（全局 E－R）。但无论采用哪种设计方法，一般都以 E－R 模型为工具来描述现实世界的概念结构模型。E－R 模型为实体－联系图，提供了表示实体型、属性和联系的方法，用来描述现实世界的概念模型。E－R 模型容易理解，接近于人的思维方式，并且与计算机无关。E－R 模型本身是一种语义模型，模型力图去表达数据的意义；E－R 模型只能说明实体间的语义联系，不能进一步说明数据结构。

3. E—R 模型的重要概念

(1) 实体。在 E－R 模型中，实体用矩形表示，矩形内写明实体名。实体是现实世界中可以区别于其他对象的“事件”或“事物”，如××公司中的每个人都是实体。每个实体都有一组特性（属性）来表示。其中某一部分属性可以唯一标识实体，如员工编号。实体集是指具有属性的实体集合，比如××培训班中的老师和学生可以分别定义为两个实体集。

（2）联系。在 E—R 模型中，联系用菱形表示，菱形内写明实体联系名，并用无向边分别与有关的实体联系在一起，同时在无向边旁标注联系的类型：1∶1 或 1∶N 或 M∶N。联系分为实体内部的联系和实体之间的联系。实体内部之间的联系反映数据在同一记录内部各字段间的联系。当前主要讨论实体集之间的联系。在两个实体集之间，两个实体存在如下 3 种对应关系：

1）一对一。实体集中一个实体最多只与另一个实体集中一个实体相联系，记为 1∶1，就如同电影院里一个座位只能坐一个观众。

2）一对多。实体集中一个实体与另一个实体集中多个实体相联系，记为 1∶n，就如同部门和员工（假如一个员工只能属于一个部门），一个部门对应多名员工。

3）多对多。实体集中多个实体与另一个实体集中的多个实体相联系，记为 m∶n，就如项目和职工，一个项目有多名员工，每个员工可以同时进行多个项目。教师与学生之间就是多对多的联系。

（3）属性。属性就是实体某方面的特性，如员工的姓名、年龄、工作年限、通信地址等。

4. 抽象的方法

概念结构是对现实世界的一种抽象，一般有 3 种抽象：分类、聚集、概括。

以实体学生为例：

（1）分类（共同特征），如图 2—3 所示。

（2）聚集（组成），如图 2—4 所示。

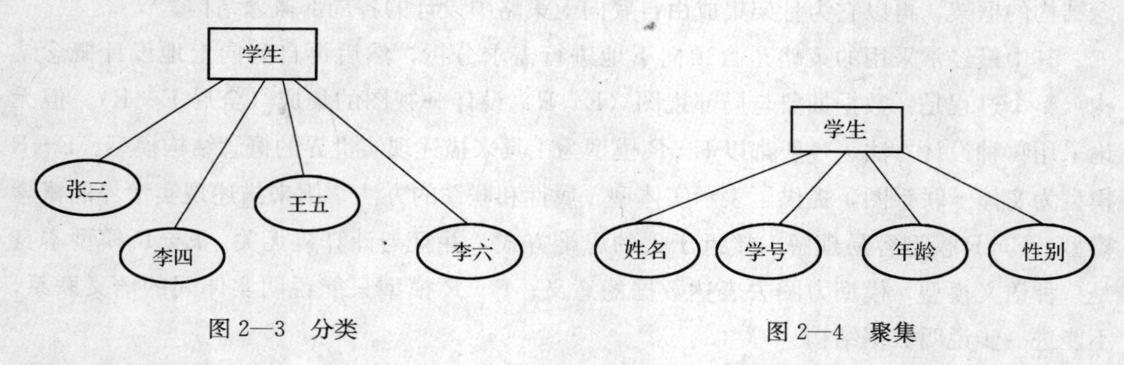

图 2—3 分类　　　图 2—4 聚集

（3）概括（包括），如图 2—5 所示。

5. 建立 E—R 图时应避免的冲突和冗余

建立 E—R 图往往是一部分一部分地去完成，就好像做一件普通事情一样，做事总有个先后，建立 E—R 图也不例外，往往先划分 E—R 图，然后把画好的各部分分 E—R 图合并起来，此时往往会产生冲突或冗余，各部分之间的冲突主要有 3 类：属性冲突、命名冲突和结构冲突。

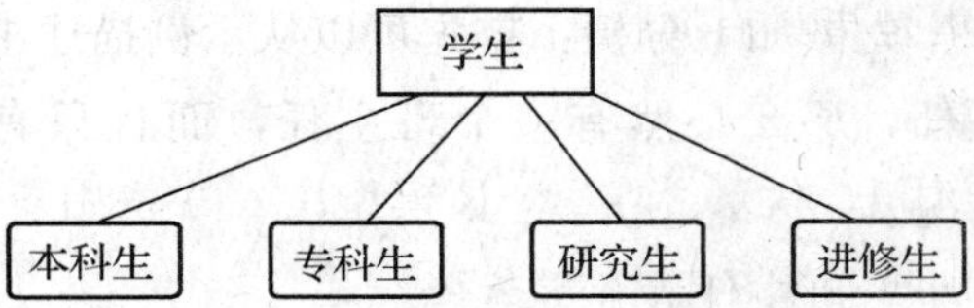

图 2—5 概括

（1）属性冲突

1）属性域冲突，即属性值的类型、取值范围或取值集合不同。例如，属性“零件号”有的定义为字符型，有的定义为数值型。

2）属性取值单位冲突。例如，属性“质量”有的以克为单位，有的以千克为单位。

（2）命名冲突

1）同名异义。不同意义对象，但名称相同。

2）异名同义（一义多名）。同意义对象，但名称不相同，如“项目”和“课题”。

（3）结构冲突

1）同一对象在不同应用中具有不同的抽象。例如“课程”在某一局部应用中被当做实体，而在另一局部应用中则被当做属性。

2）同一实体在不同局部视图中所包含的属性不完全相同，或者属性的排列次序不完全相同。

3）实体之间的联系在不同局部视图中呈现不同的类型。例如，实体 E1 与 E2 在局部应用 A 中是多对多联系，而在局部应用 B 中是一对多联系；又如在局部应用 X 中 E1 与 E2 发生联系，而在局部应用 Y 中 E1、E2、E3 三者之间有联系。

解决方法是根据应用的语义，对实体联系的类型进行综合或调整。

除了冲突之外，合并分 E－R 图时需要注意的冗余问题如下：

①冗余属性的消除：一般在各分 E－R 图中属性是不存在冗余的，但合并后容易出现冗余属性。因为合并后的 E－R 图继承了合并前各分 E－R 图的全部属性，属性就存在冗余的可能，例如，某一属性可以由其他属性确定。

②冗余联系的消除：在分 E－R 图合并过程中，可能出现实体联系的环状结构，如某实体 A 和某实体 B 有直接联系，同时它们之间又通过别的实体发生间接联系，此时可以删除直接联系。

③实体类型的合并：两个具有 1∶1 联系或 1∶n 联系的实体可以予以合并。

6. E－R 模型实例

为了能够对客观事物（用户要求）进行概念设计，转换成概念结构，以便下一步进行逻辑设计，一般选择 E－R 模型来表示概念结构。这里举一个学生选修课程的例子，以便能很好地理解 E－R 模型概念表示法。

假设某学校某班的学生需要选修课程，同时学生想知道他们的班主任任课情况。

先做如下分析：首先可以从示例描述中得出如下客观事物，因为示例提出的是某个班主任，那么必然有一个班主任，而且只有一个班主任老师，非多个，这符合现实客观情况。

• 班主任表：

王老师

示例中是学生选修课程，那么肯定有学生列表，一般情况下，一个班级有多名学生，非一个学生，那么得出学生对象表。

• 学生表：

黎明
王小
赵华
利斯
……

在示例中显然还有课程对象，以供学生选课及班主任任课。

• 课程表：

自然
历史
C语言
Java语言
……

根据以上分析以及使用数据抽象方法，得出示例中有3个实体。

这3个实体分别是：学生、班主任、课程。

(1) 实体属性如下：

学生(学号、姓名、年龄、性别)。

班主任(教师号、教师姓名)。

课程(课程号、课程名、学分)。

(2) 各实体之间的联系。各实体之间的联系有：班主任担任课程的1∶n“任课”联系；学生选修课程的n∶m“选修”联系；班主任和学生的“所属”联系1∶n。

至此得出学生选课和班主任任课情况E—R模型，一个基本完整的E—R图如图2—6所示。

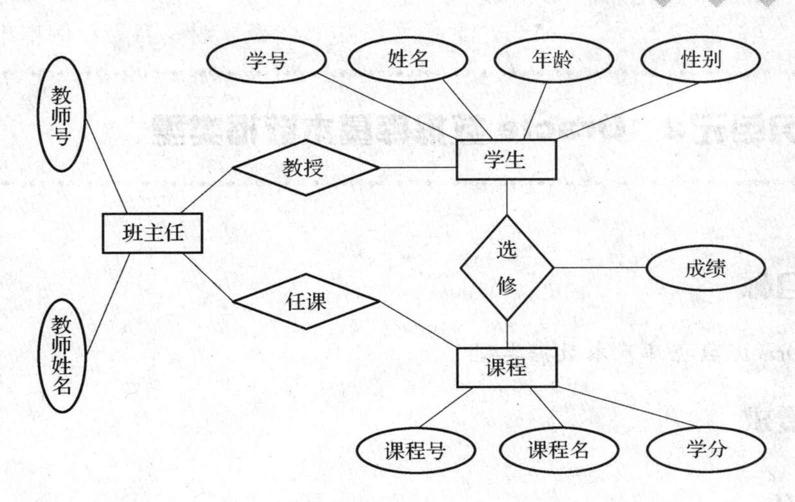

图 2—6　E—R 模型

7. E—R 模型向关系模型的转换

从 E—R 模型向关系模型转换时，所有实体和联系都要转换成相应的关系模式，转换规则如下：

(1) 每个实体类型转换成一个关系模式。

(2) 一个 1∶1 的联系可以转换为一个关系模式，或与任意一端的关系模式合并。若独立转换为一个关系模式，两端的关系码及联系的属性为该关系的属性；若与一端合并，那么将另一端的码及联系的属性合并到该端。

(3) 一个 1∶n 的联系可以转换成一个关系模式，或与 n 端的关系模式合并。若独立转换为一个关系模式，两端的关系码及联系的属性为该关系的属性，n 端的码为该关系的码。

(4) 一个 m∶n 的联系可以转换成一个关系模式，那么两端的关系码及联系的属性为该关系的属性，关系的码为两端实体码的组合。

(5) 3 个或 3 个以上的多对多的联系可以转换为一个关系模式，那么这些关系的码及联系的属性为关系的属性，而关系的码为个实体码的组合。

(6) 具有相同码的关系可以合并。

根据上述原则，将图 2—6 转换为如下关系模式：

1) 学生（学号、姓名、年龄、性别，教师号）：这符合转换规则中 1∶n 的关系。

2) 课程（课程号，课程名，学分，教师号）：在教师和课程实体之间，这符合转换规则中 1∶n 的关系。

3) 将实体学生和课程 m∶n 的关系转化成关系模式：选课（学号、课程号、成绩）。

学习单元2　Oracle数据库基本数据类型

学习目标

➢掌握Oracle数据库基本数据类型

知识要求

一、数值

1. NUMBER

NUMBER类型用于定义可变长的数值列，允许为0、正值及负值，m是所有有效数字的位数，n是小数点右边的位数。有效位数指从左边第一个不为0的数算起的位数，小数点和负号不计入有效位数。

格式：number（m，n）

参数说明：m=1至38

n=−84至127

例如，number（5，2），则这个字段的最大值是999.99，如果数值超出了位数限制，就会将多余的位数四舍五入。

例如，number（5，2），当在一行数据中的这个字段输入575.316，则真正保存到字段中的数值是575.32。

例如，number（3，0），输入575.316，则真正保存的数据是575。

2. PLS _ INTEGER

PLS _ INTEGER类型用于存储一个有符号的整型值，其精度范围和BINARY _ INTEGER一样，为−2的31次方到2的31次方。

PLS _ INTEGER和NUMBER比较起来，其优点是：

（1）占有较小的存储空间。

（2）可以直接进行算术运算（在NUMBER上不能直接进行算术运算，如果要计算，NUMBER必须先被转换成二进制）。所以在进行算术运算的时候，PLS _ INTEGER比NUMBER和BINARY _ INTEGER快一些。

3. BINARY _ INTEGER

BINARY _ INTEGER 类型用于存储一个有符号整数，表示的范围为−2 的 31 次方到 2 的 31 次方，是一个 PL/SQL 数据类型，只能用在 PL/SQL 中。

PLS _ INTEGER 和 BINARY _ INTEGER 的区别如下：

PLS _ INTEGER 进行运算发生溢出的时候，会触发异常。但是当 BINARY _ INTEGER 运算发生溢出时，如果可以指派给一个 NUMBER 变量（没有超出 NUMBER 的精度范围）的话就不会触发异常。

二、字符

1. CHAR

CHAR 类型用于定义定长字符串，n 字节长，如果不指定长度，默认为 1 个字节长（一个汉字为 2 字节），在数据库表项中，如果实际数据位数不足，数据库会自动默认补充空格。

格式：char（n）

参数说明：n＝1 至 2000

2. VARCHAR2

格式：varchar2（n）

参数说明：n＝1 至 4000

VARCHAR2 类型用于定义可变长的字符串，具体定义时指明最大长度，n 为字节数，这种数据类型可以放数字、字母以及 ASCII 码字符集（或者 EBCDIC 等数据库系统接受的字符集标准）中的所有符号。如果数据长度没有达到最大值 n，Oracle 8i 及以后版本会根据数据大小自动调节字段长度，如果数据前后有空格，Oracle 8i 及以后的版本会自动将其删去。VARCHAR2 是最常用的数据类型。

3. LONG

LONG 类型用于定义可变长字符列，最大长度限制是 2 GB，用于不需要作字符串搜索的长串数据，如果要进行字符搜索，就要用 VARCHAR2 类型。LONG 是一种较老的数据类型，将来会逐渐被 BLOB、CLOB、NCLOB 等大的对象数据类型所取代。

格式：LONG

4. NCHAR

NCHAR 类型用于存储一个定长的 Unicode 字符串，n 为字符数，如果没有指定最大值，其默认值是 1 个国际字符。

格式：nchar（n）

参数说明：n=1 至 1000

5. NVARCHAR2

NVARCHAR2 类型用于存储一个变长的 Unicode 字符串，n 的存储范围是 1 至 4000 个国际字符。

格式：nvarchar2（n）

参数说明：n=1 至 2000

三、行

1. RAW

RAW 类型用于定义可变长二进制数据，在具体定义字段的时候必须指明最大长度 n，n 为字节数，Oracle 8i 及以后版本用这种格式来保存较小的图形文件或带格式的文本文件，如 Microsoft Word 文档。RAW 是一种较老的数据类型，将来会逐渐被 BLOB、CLOB、NCLOB 等大的对象数据类型所取代。

格式：raw（n）

参数说明：n=1 至 2000

2. LONG RAW

LONG RAW 类型用于定义可变长二进制数据，最大长度是 2 GB。Oracle 8i 用这种格式来保存较大的图形文件或带格式的文本文件，如 Microsoft Word 文档，以及音频、视频等非文本文件。

四、其他

1. DATE

DATE 数据类型用于定义日期和时间数据，从公元前 4712 年 1 月 1 日到公元 4712 年 12 月 31 日的所有合法日期，Oracle 8i 及以后版本在内部按 7 个字节来保存日期数据，在定义中还包括小时、分、秒。

默认格式为 DD—MON—YY（中文版格式为‘日—月—年’），如：11—NOV—11 表示 2011 年 11 月 11 日。

2. BOOLEAN

BOOLEAN 数据类型用于定义布尔变量，其值为 TRUE、FALSE、NULL，该数据类型为非表列数据类型，是 PL/SQL 数据类型。

学习单元 3 Oracle 数据库其他数据类型

学习目标

➢掌握 Oracle 数据库其他数据类型

知识要求

一、复合数据类型

PL/SQL 有两种复合数据结构：记录和集合。记录由不同的域组成，集合由不同的元素组成。

标量数据类型和其他数据类型只是简单地在包一级进行预定义，但复合数据类型在使用前必须被定义。记录之所以被称为复合数据类型，是因为其由域这种由数据元素的逻辑组所组成。

集合与其他语言中的数组相似，集合在定义的时候必须使用 TYPE 语句，然后才能创建和使用这种类型的变量。

二、LOB 型

1. CLOB

CLOB 数据类型在 Oracle 数据库中用于存储大型的字符型数据，该类型可以支持定长和变长的字符集，当然这个类型的字符集的大小不能超过 4 GB。

2. NCLOB

NCLOB 类型是在 Oracle 数据库中用于存储大型的国际化字符集的 Unicode 数据，该类型可以支持定长和变长的字符集，当然这个类型的字符集的大小也不能超过 4 GB。

3. BLOB

BLOB 类型在 Oracle 数据库内用于存储大型的二进制对象，每一个 BLOB 变量存储一个定位器，指向一个大型的二进制对象，该对象的大小不能超过 4 GB。

4. BFILE

BFILE 类型用来允许 Oracle 对数据库外存储的大型二进制文本进行只读形式的访问。

第2节 Oracle文件类型

学习目标

➢熟悉Oracle数据文件在不同操作模式下的管理方式

➢了解日志文件的类型及其用途

知识要求

一、数据文件

数据文件（data file）是用于存储数据库中数据的文件，它存放在操作系统的指定目录下。系统数据、数据字典数据、临时数据、撤销数据、索引数据、应用程序表中存储的数据等都存储在物理介质上的数据文件中。创建数据文件时必须指明该数据文件属于哪个表空间，但可以针对数据文件进行单独的管理，可以做删除、修改名称、移动位置、联机、脱机、调整大小等操作。

1. 数据文件概述

数据文件是Oracle三类文件（数据文件、日志文件、控制文件）中占用磁盘空间最大的一类文件。每个Oracle数据库都有一个或多个数据文件。

通过Oracle EM查看表空间和数据文件，可以看到这个表空间对应的数据文件的名称、大小和位置信息。

出于速度和性能的原因，Oracle在存取数据时，首先在内存结构中的系统全局区（SGA）的数据高速缓存区查找，如果要存取的数据不在数据高速缓存区中，才会在相应的数据文件中读取数据，并将其存储在数据高速缓存区中，以备使用。当修改或插入新的数据时，也是在高速缓存区中进行操作。在满足一定条件的前提下，例如，高速缓存区中的脏缓存块达到一定数量，再由DBWR（数据库写进程）后台进程决定如何将其写入到相应的数据文件中。采用先内存后外存的方法可以减少磁盘的I/O操作，以提高性能。

2. 数据文件管理

Oracle数据库工作模式分为归档模式与非归档模式。在不同的操作模式下，其数据文件可用性维护的方法稍有差异。为此，数据库管理员要了解在不同操作模式下的管理方式。只有如此，才能够采取合适的方式来改变数据文件的可用性。

若数据库处于归档模式，则要使一个单独的数据文件联机或者脱机，只需要使用 ALTER DATABASE 的 DATEFILE 语句即可。即按照如下的形式，就可以将某个数据文件设置为脱机或者联机。当以下命令执行成功后，系统会提示“数据库已经更改”。

ALTER DATABASE DATAFILE ‘数据文件存储路径与名字’ OFFLINE/ONLINE；

但是要注意，如果数据库不是处于归档模式，则执行上面的语句更改数据文件的可用性时，数据库会提示错误信息。若将某个数据文件设置为脱机时，会提示“除非使用介质恢复，否则不允许立即脱机”。如将某个数据文件设置为联机时，会提示“数据文件 X，需要介质恢复”。注意这里的 X 代表的是数据文件的绝对文件号。在 Oracle 数据库中，文件号是数据库系统标识数据文件的一个工具，就好像人的身份证一样，唯一标识了一个数据文件。在 Oracle 中，文件号分为绝对文件号和相对文件号。绝对文件号在整个数据库中只标识一个数据文件。而相对文件号在表空间中只标识一个数据文件。也就是说，相对文件号在同一个表空间内是唯一的，但是并不保障在整个数据库内是唯一的。此时数据库可能需要表空间与相对文件号两个参数才能够只定位数据文件。对于中等规模以下的数据库系统，相对文件号与绝对文件号往往是相同的。但是当数据库变得很大时，相对文件号与绝对文件号就可能有所差异。由于在错误信息中没有直接说明数据文件的名称，为此，数据库管理员不得不先将这个文件号转换到对应的数据文件名字，然后再去想解决方法。

可见，如果当数据库采用非归档模式时，就无法采用上面的方式将数据文件联机或者脱机，此时需要稍微修改一下上面的语句来完成。可以将这个语句改为：

ALTER DATABASE DATAFILE ‘数据文件存储路径与名字’ OFFLINE DROP；

即需要在原先的语句后面加入 DROP 关键字。此时就可以正常将非归档模式下的数据文件脱机了。不过需要注意的一点就是，无法采用正常的方式将非归档模式下的数据文件设置为联机。正常情况下，只有采用介质恢复的形式才能够将非归档模式下的数据文件设置为联机。所以说，如果数据库采用的是非归档模式，那么在将数据文件设置为脱机时，就需要慎重了。

二、日志文件

在 Oracle 数据库中，日志文件分为联机日志文件和归档日志文件两种类型，下面就来了解一下 Oracle 日志文件类型。

1. 日志文件概述

联机日志文件是 Oracle 用来循环记录数据库改变的操作系统文件。

归档日志文件是指为避免联机日志文件重写时丢失重复数据而对联机日志文件所做的

备份。

2. 日志文件管理

数据库管理员需要检查 alert（告警）日志文件有无“ORA－”错误，定期对这个日志文件进行存档整理。

日志文件越大，Oracle 对其打开和读写的开销越大。所以当 Oracle 日志文件太大即超过 5MB 时，需要对它进行截断处理；如果直接删除它，让 Oracle 重新生成不是一个好的方法，因为 Oracle 是通过一个指向文件的指针进行写操作，所以在数据库运行时删除了这个文件，Oracle 仍然用原来的文件指针进行写操作，有可能写一个不存在的文件而导致硬盘空间被占用。

三、控制文件

Oracle 数据库通过控制文件保持数据库的完整性，一旦控制文件被破坏，数据库将无法启动。因此，建议采用多路控制文件或者备份控制文件的方法。

1. 控制文件概述

控制文件是数据库建立的时候自动生成的二进制文件，只能通过实例进行修改。如果手动修改的话，会造成控制文件与物理信息不符合，从而导致数据库不能正常工作。

控制文件主要包括以下内容：

（1）控制文件所属数据库的名称，一个控制文件只能属于一个数据库。

（2）数据库创建时间。

（3）数据文件的名称、位置、联机、脱机状态信息。

（4）所有表空间信息。

（5）当前日志序列号。

（6）最近检查点信息。

2. 控制文件管理

（1）明确控制文件的名称和存储路径。参数设置错误将无法打开数据库。数据库打开以后，实例将同时写入所有的控制文件，但是只会读取第一个控制文件的内容。

（2）为数据库创建多路控制文件

1）多路控制文件内容必须完全一样，Oracle 实例同时将内容写入到 control _ files 变量所设置的控制文件中。

2）初始化参数 control _ files 中列出的第一个文件是数据库运行期间唯一可读取的控制文件。

3）创建、恢复和备份控制文件必须在数据库关闭的状态下运行，这样才能保证操作过程中控制文件不被修改。

4）在数据库运行期间，如果一个控制文件变为不可用，那么实例将不再运行，应该终止这个实例，并对破坏的控制文件进行修复。

（3）将多路控制文件放在不同的硬盘上。

（4）采用操作系统镜像方式备份控制文件。

（5）手工方式备份控制文件。

3. 备份控制文件

（1）使用命令进行控制文件备份

命令格式：alter database backup controlfile to'........ bkp'；

命令给出的路径一定要事先建立好，否则系统会报错。控制文件丢失或者出错的时候就可以在初始化参数文件中把 control _ files 参数指向备份后的路径，或者是把备份后的控制文件复制到原来的控制文件的位置将其覆盖。

（2）使用命令生成新的控制文件

命令格式：alter database backup controlfile to trace；

在 ORACLE _ BASE/admin/<ID>/udump 里面生成跟踪文件（使用 show parameter user _ dump 语句可以获取跟踪文件存放目录），其中就有创建文件的 SQL 脚本，可以利用脚本来重建新的控制文件。

四、参数文件

Oracle 参数文件（Parameter File）是 Oracle 数据库中一个重要的文件组成部分，负责在启动阶段提供重要的参数支持。正确配置的参数文件可以保证启动过程顺利进行。

1. 参数文件概述

数据库中的参数文件通常称为"初始文件"，记录了存储数据库的参数设置；如果没有参数文件，便无法启动一个 Oracle 数据库，所以参数文件相当重要。

参数文件可以分为两类：PFILE 和 SPFILE。

PFILE 参数文件即 Init. ora，从结构上来讲是一个相当简单的文件，包括一系列可变的键/值对。如果要想修改数据库系统信息成为默认值，必须对 Init. ora 文件进行手动更新。

参数文件的命名规则：init%oracle _ sid%. ora

虽然通过手动更新可以对参数文件进行维护，但是如果有多人同时修改或者使用 OEM（Oracle 企业管理器）之类的工具，还会再增加一个参数文件，这就会使情况更加混乱，虽然可以用"管理服务器"这样的机器来统一集中，但是有的时候从数据库服务器上的 SQL * Plus 发出启动命令，就会有多个参数文件，一个在管理服务器上，一个在数据库服务器上。两者互相不同步。于是就会出现自己修改的一些参数“不见了”，但不久后又会出现的事情。由此便又引出了服务器参数文件（SPFILE），如今它可以作为得到数据库参数设置的唯一信息来源。

SPFILE 参数文件的优点如下：

（1）杜绝参数文件的繁殖，该文件只能存放在数据库服务器上。

（2）无须在数据库之外使用文本编辑器手动维护参数文件，可以通过 alter system 命令来对此进行修改。

SPFILE 参数文件的生成是先确定 Init. ora 文件位置，然后执行命令：create spfile from pfile，执行完毕后重启服务器实例，这时数据库将优先使用 SPFILE 参数文件进行启动。

2. 参数文件管理

参数文件主要用于保存数据库启动例程所需要的初始化参数。作为 Oracle 数据库管理员来说，默认参数往往不需要进行更改。其日常需要维护的主要就是参数文件中保存的非默认参数。在 Oracle 9i 之后的版本中，其同时支持两种类型的参数文件，分别为 PFILE（文本参数文件）和 SPFILE（服务器参数文件）。这两个参数文件虽然起到的作用是相同的，但是两者有很大的不同。

（1）PFILE 参数文件与 SPFILE 参数文件的区别。在 Oracle 数据库比较早的版本中，初始化参数都是以 PFILE（文本参数文件）的形式来保存的。而在 Oracle 9i 之后的版本中，则引入了 SPFILE（服务器参数文件）。Oracle 官方建议数据库管理员采用 SPFILE 参数文件。这主要是因为若采用后者形式的参数文件，有两个优点：一是比较容易备份，因为服务器参数文件可以利用 RMAN 备份工具进行备份，而文本参数文件则不行。二是服务器参数文件管理起来比较方便，文本参数文件维护起来相对比较烦琐。

（2）若数据库管理员采用 PFILE（文本参数文件）来管理启动参数的话，则需要注意以下几个问题：

1）初始化参数不能重复。也就是说，数据库管理员在修改或者增加初始化参数之前，首先需要检查初始化参数是否存在。若数据库管理员想要更改或者设置的初始化参数已经存在的话，那么就必须直接更改原有的参数。只有在初始化参数不存在的情况下，才能够在文件末尾添加新的参数。即当参数重复时，Oracle 数据库不会自动采用最后的参数，而是会报错。

2）需要注意文本参数文件修改格式方面的问题。如在文本参数文件中，每一行都只能设置一个参数，不能在同一行中设置多个参数。如参数是字符型的话，则可以利用引号引住；但是，如果参数是数字型的话，则不能使用引号引住。但是，若同一个参数有多个值，则可以放在同一行中，只是不同值之间必须要用逗号进行分割。无论是引号还是逗号，都必须是英文状态下的符号。

3）在文本参数文件中，有个特殊的符号即“#”。当数据库管理员不需要某个参数时，往往不建议直接删除它，而是建议数据库管理员把参数屏蔽掉。这对于日后维护是很有必要的。此时，数据库管理员若要屏蔽某个参数，就可以直接在某个参数前面加入“#”号。通过这种方式，就可以让Oracle数据库服务器忽略这个被屏蔽的参数。

第3节　范　　式

学习目标

➢掌握第一范式、第二范式以及第三范式的含义及用途

知识要求

上文通过举例说明了E—R模型向关系模式转换的方法与原则，但是这样转换得来的初始关系模式并不能完全符合要求，还会有数据冗余、更新异常等问题存在，这就使得在构造数据库时还必须遵循一定的规则（如：依赖）进行规范化设计。在关系数据库中，这种规范化设计规则就是范式。范式是符合某一种级别的关系模式的集合。关系数据库中的关系必须满足一定的要求，即满足不同的范式。目前关系数据库有6种范式：第一范式（1NF）、第二范式（2NF）、第三范式（3NF）、第四范式（4NF）、第五范式（5NF）和第六范式（6NF）。满足最低要求的范式是第一范式（1NF）。在第一范式的基础上进一步满足更多要求的范式称为第二范式（2NF），其余范式依次类推。一般来说，数据库只需要满足第三范式（3NF）就行了。下面举例介绍第一范式（1NF）、第二范式（2NF）和第三范式（3NF）。

一、第一范式（1NF）

在任何一个关系数据库中，第一范式（1NF）是对关系模式的基本要求，不满足第一范式（1NF）的数据库就不是关系数据库。

所谓第一范式（1NF），是指数据库表的每一列都是不可分割的基本数据项，同一列中不能有多个值，即实体中的某个属性不能有多个值或者不能有重复的属性。如果出现重复的属性，就可能需要定义一个新的实体，新的实体由重复的属性构成，新实体与原实体之间为一对多关系。在第一范式（1NF）中，表的每一行只包含一个实例的信息。如果关系模式的每一个属性都不可分解（也就是说数据表的每一列不可再分，而且无重复的列），则称该关系模式为第一范式。

不满足第一范式的实例见表 2—1。

表 2—1　不满足第一范式的实例（员工表）

员工姓名	员工职务	员工薪水和住址
黎明	程序员	2000.00，苏州市
枭雄	软件工程师	1500.00，上海市
王丽	项目经理	8000.00，苏州市
里程	总经理	10000.00，北京市

很明显上例中第三列“员工薪水和住址”属性可以再分拆，不符合第一范式的定义。

满足第一范式的例子见表 2—2。

表 2—2　满足第一范式的例子（员工表）

员工姓名	员工职务	员工薪水	住址
黎明	程序员	2000.00	苏州市
枭雄	软件工程师	1500.00	上海市
王丽	项目经理	8000.00	苏州市
里程	总经理	10000.00	北京市

很明显上例满足第一范式，因为每列都不能分拆，表中无重复的列，属性单一。

二、第二范式（2NF）

第二范式（2NF）是在第一范式（1NF）的基础上建立起来的，即满足第二范式（2NF）必须先满足第一范式（1NF）。第二范式（2NF）要求数据库表中的每个实例或行必须可以被唯一地区分。为实现区分，通常需要为表加上一个列，以存储各个实例的唯一标识，这个唯一属性列被称为主关键字或主键、主码。

第二范式（2NF）要求实体的属性完全依赖于主关键字。所谓完全依赖，是指不能存在仅依赖于主关键字的一部分属性，如果存在，那么这个属性和主关键字的这一部分应该分离出来，形成一个新的实体，新实体与原实体之间是一对多的关系。为实现区分，通常需要为表加上一个列，以存储各个实例的唯一标识。简而言之，第二范式就是非主键属性非部分依赖于主关键字。

满足第二范式的例子见表 2—3。

表 2—3 满足第二范式的例子（员工表）

员工号	员工姓名	员工职务	员工薪水	住址
0001	黎明	程序员	2000.00	苏州市
0002	枭雄	软件工程师	1500.00	上海市
0003	王丽	项目经理	8000.00	苏州市
0004	里程	总经理	10000.00	北京市

在这个例子中，在满足第一范式的同时增加了主键，用于唯一标识一名员工，符合第二范式的要求。

三、第三范式（3NF）

满足第三范式（3NF）必须先满足第二范式（2NF）。简而言之，第三范式（3NF）要求一个数据库表中不包含已在其他表中包含的非主关键字信息。

满足第三范式的实例见表 2—4 和表 2—5。

表 2—4 满足第三范式的实例（部门表）

部门号	部门名称	部门主管	部门号	部门名称	部门主管
1001	开发部	王维	1003	总办	杜甫
1002	人事部	李白	1004	行政部	罗斯福

表 2—5 满足第三范式的实例（员工表）

员工号	员工的名称	部门号	员工职务	员工薪水	住址
0001	黎明	1001	程序员	2000.00	苏州市
0002	枭雄	1002	软件工程师	1500.00	上海市
0003	王丽	1003	项目经理	8000.00	苏州市
0004	里程	1004	总经理	10000.00	北京市

在员工信息表中列出部门号后，就不能再将部门名称等与部门有关的信息加入员工信息表中。如果不存在部门信息表，则根据第三范式（3NF）也应该构建它，否则就会有大量的数据冗余。简而言之，第三范式就是属性不依赖于其他非主键属性。

四、范式小结

1. 目的

数据库设计规范化的目的是使数据库结构更合理，以消除存储异常，使数据冗余尽量小，以便于插入、删除和更新数据。

2. 原则

遵从概念单一化“一事一地”原则，即一个关系模式描述一个实体或实体间的一种联系。规范的实质就是概念的单一化。

3. 方法

将关系模式投影分解成两个或两个以上的关系模式。

4. 要求

分解后的关系模式集合应当与原关系模式“等价”，即经过自然连接，可以恢复原关系而不丢失信息，并保持属性间合理的联系。

特别提示

一个关系模式接着分解可以得到不同关系模式的集合，也就是说分解方法不是唯一的。最小冗余的要求必须以分解后的数据库能够表达原来数据库所有信息为前提来实现。其根本目标是节省存储空间，避免数据不一致性，提高对关系的操作效率，同时满足应用需求。实际上，并不一定要求全部模式都达到第三范式不可。有时故意保留部分冗余可能更方便数据查询。尤其对于那些更新频度不高、查询频度极高的数据库系统更是如此。在关系数据库中，除了函数依赖之外，还有多值依赖、连接依赖的问题，从而提出了第四范式、第五范式等更高一级的规范化要求。

第 3 章

Oracle 数据库系统操作

第1节　安装Oracle数据库的软硬件环境

学习目标

➢了解Oracle的硬件环境

➢了解Oracle的软件环境

知识要求

一、安装Oracle数据库的硬件环境

1. 安装所需的最低硬件配置

安装Oracle数据库所需的最低硬件配置见表3—1。

表3—1　安装Oracle的最低硬件配置

硬件项目	配置	硬件项目	配置
CPU	Pentium 200 MHz	光驱	建议用快速光驱，16倍速以上
内存	128 MB	网卡	可以用10 MB/100 MB自适应网卡
硬盘空间	建议配置8 GB容量以上硬盘		

2. 安装所需的推荐硬件配置

安装Oracle数据库所需的推荐硬件配置见表3—2。

表3—2　安装Oracle的推荐硬件配置

硬件项目	企业版	标准版	个人版
CPU	Pentium Ⅲ 1 GHz以上	Pentium Ⅲ 866以上	Pentium Ⅱ 266以上
内存	512 MB	256 MB	256 MB
硬盘空间	建议配置8 GB容量以上硬盘		
光驱	建议用快速光驱，16倍速以上		
网卡	可以用10 MB/100 MB/1000 MB自适应网卡		

二、安装 Oracle 数据库的软件环境

1. 安装所需的操作系统

目前 Oracle 可以在表 3—3 所列的操作系统中安装。

表 3—3　安装 Oracle 的软件环境

操作系统类型	操作系统版本
Windows 操作系统	Windows XP Professional
	Windows 2000（service pack 1 及以上版本）
	Windows Server 2003
	Windows Vista
	Windows 2008（所有版本）
Linux 操作系统	RedHat ES 3
	RedHat ES 4
	CentOS 4
	CentOS 5
	openSUSE
	SUSE Enterprise 10

2. 安装所需的其他软件

在 Linux 操作系统下安装 Oracle，还需要安装以下包：

- make—3. 79
- binutils—2. 11
- openmotif—2. 2. 2—16
- setarch—1. 3—1
- compat—db—4. 0. 14. 5
- compat—gcc—7. 3—2. 96. 122
- compat—gcc—c＋＋—7. 3—2. 96. 122
- compat—libstdc＋＋—7. 3—2. 96. 122
- compat—libstdc＋＋—devel—7. 3—2. 96. 122

第2节 安装与卸载 Oracle 数据库

学习目标

➢能够熟练安装与卸载 Oracle 服务器端和客户端

技能要求

一、安装 Oracle 服务器

步骤1 首先进入 Oracle 安装软件目录，并找到安装文件 setup. exe，如图 3—1 所示。

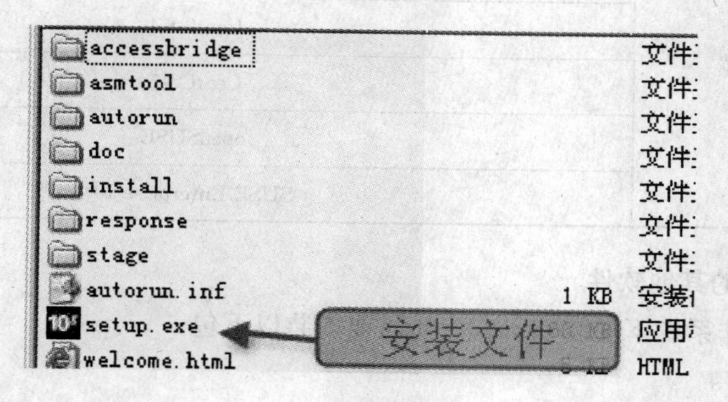

图 3—1 安装文件

步骤2 运行安装文件后，等待进入到安装方法选择界面，如图 3—2 所示。

步骤3 本例中选择基本安装，并且不创建数据库实例，在确认 Oracle 主目录位置正确后，单击“下一步”按钮进入准备安装界面，如图 3—3 所示。

步骤4 等待准备完毕，将进入到 Oracle 产品特定的先决条件检查界面，如图 3—4 所示，该检查必须全部通过才能进入到下一阶段的安装。

步骤5 从图 3—4 上可以看到本例的先决条件全部通过验证，单击“下一步”按钮进入到安装前准备，如图 3—5 所示。

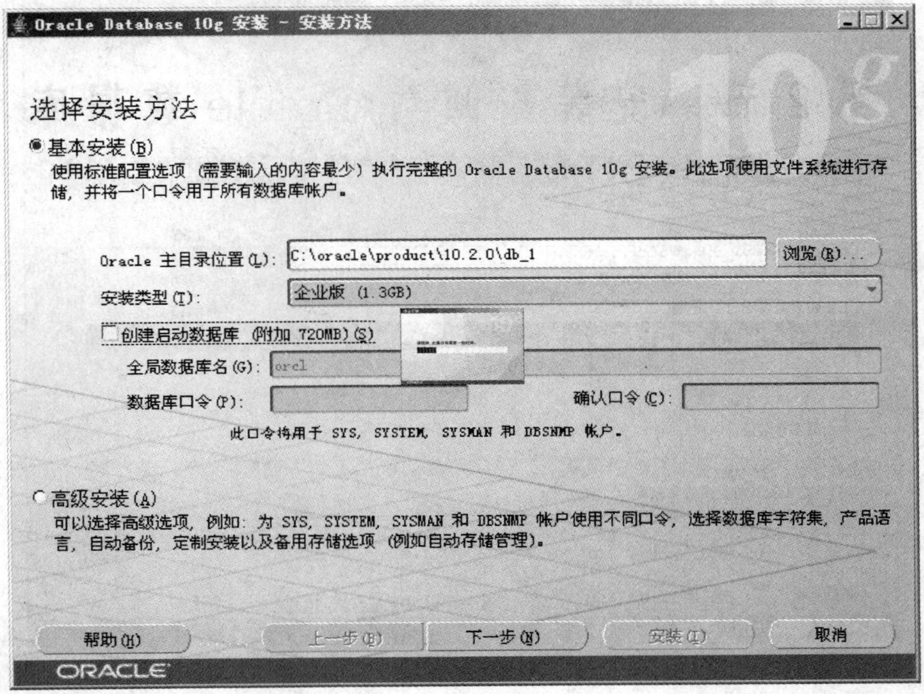

Oracle Database 10g 安装 - 安装方法

选择安装方法

基本安装(B)

使用标准配置选项（需要输入的内容最少）执行完整的 Oracle Database 10g 安装。此选项使用文件系统进行存储，并将一个口令用于所有数据库帐户。

Oracle 主目录位置(L): C:\oracle\product\10.2.0\db_1 浏览(R)...

安装类型(T): 企业版 (1.3GB)

创建启动数据库 (附加 720MB)(S)

全局数据库名(G): orcl

数据库口令(P): 确认口令(C):

此口令将用于 SYS, SYSTEM, SYSMAN 和 DBSNMP 帐户。

高级安装(A)

可以选择高级选项，例如：为 SYS, SYSTEM, SYSMAN 和 DBSNMP 帐户使用不同口令，选择数据库字符集，产品语言，自动备份，定制安装以及备用存储选项（例如自动存储管理）。

帮助(H) 上一步(B) 下一步(N) 安装(I) 取消

ORACLE

图 3—2 选择安装方法

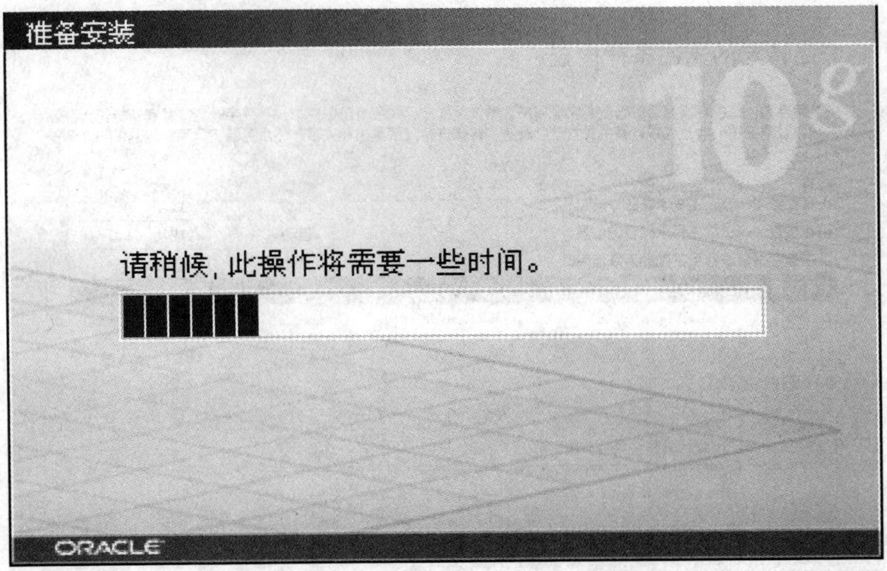

准备安装

请稍候，此操作将需要一些时间。

ORACLE

图 3—3 准备安装

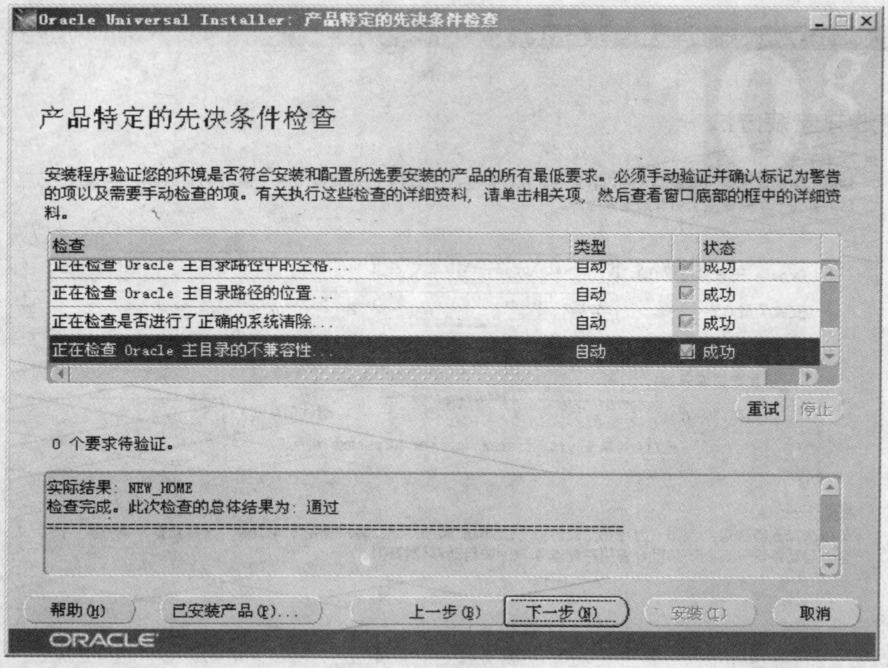

Oracle Universal Installer: 产品特定的先决条件检查

产品特定的先决条件检查

安装程序验证您的环境是否符合安装和配置所选要安装的产品的所有最低要求。必须手动验证并确认标记为警告的项以及需要手动检查的项。有关执行这些检查的详细资料，请单击相关项，然后查看窗口底部的框中的详细资料。

检查	类型	状态
正在检查 Oracle 主目录路径中的空格...	自动	成功
正在检查 Oracle 主目录路径的位置...	自动	成功
正在检查是否进行了正确的系统清除...	自动	成功
正在检查 Oracle 主目录的不兼容性...	自动	成功

重试 停止

0 个要求待验证。

实际结果：NEW_HOME
检查完成。此次检查的总体结果为：通过

帮助(H) 已安装产品(P)... 上一步(B) 下一步(N) 安装(I) 取消

ORACLE

图 3—4 产品特定的先决条件检查

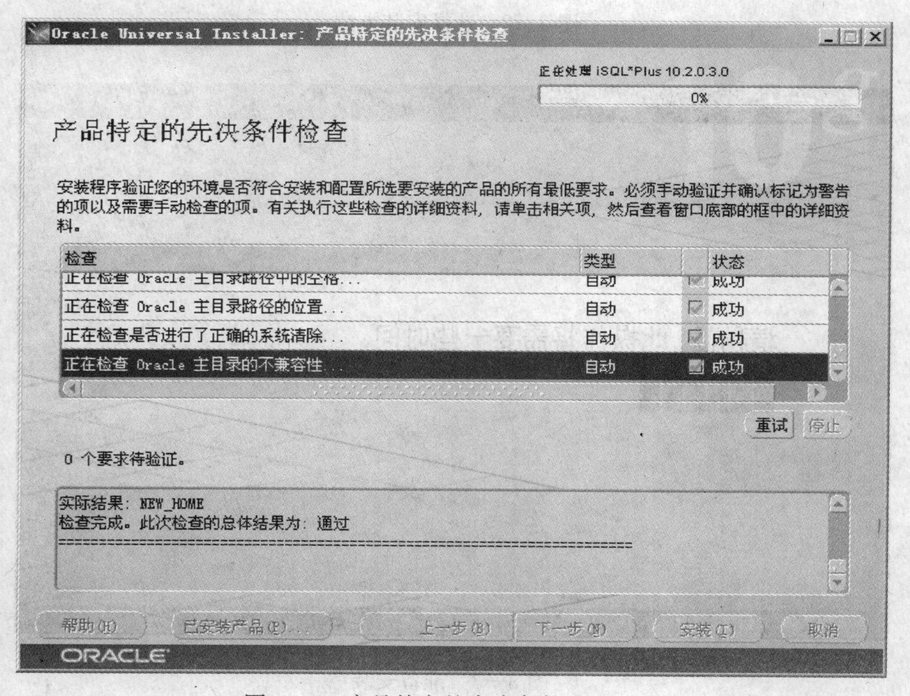

图 3—5 产品特定的先决条件检查通过

步骤 6　等待安装前准备完毕后，进入到安装概要界面，本界面列出本次要进行安装的详细信息，如图 3—6 所示。

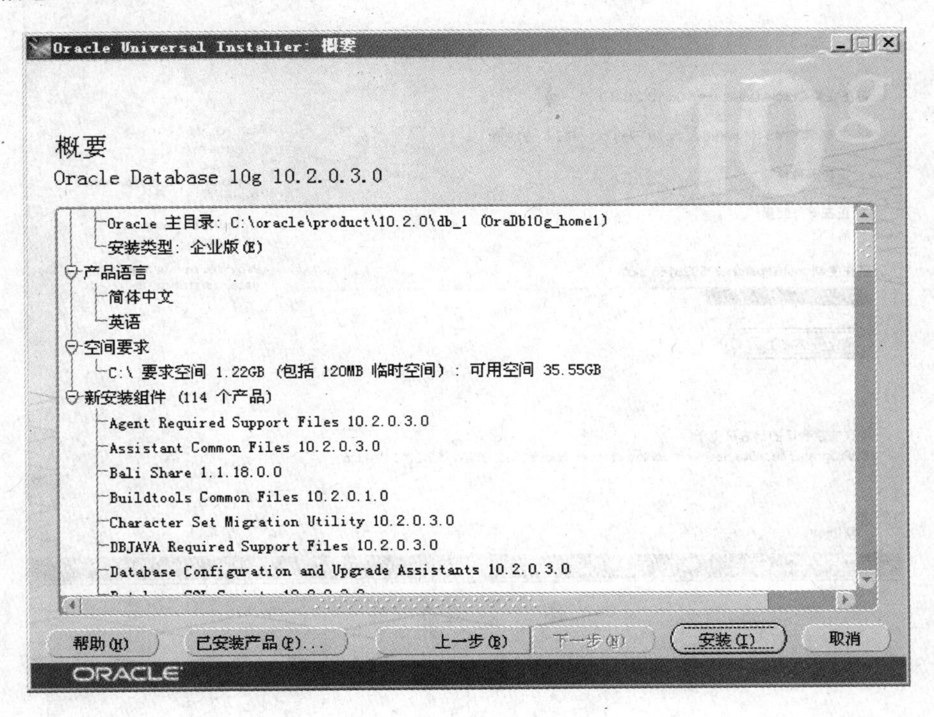

图 3—6　安装概要

步骤 7　单击图 3—6 中的“安装”按钮开始安装，如图 3—7 所示。

步骤 8　等待安装程序提示安装结束，这时能从界面中看到本例中的 Oracle 10g 数据库及相关组件已经成功安装，如图 3—8 所示。

至此成功完成 Oracle 10g 数据库服务器端的安装。

二、安装 Oracle 客户端

步骤 1　下载程序包。使用浏览器进入 Oracle 官方网址，从官网上下载 Oracle 的客户端软件，如图 3—9 所示。下载的客户端是一个压缩包文件。

步骤 2　将客户端解压到安装目录，例如：D:\ORA10 目录下，然后在这个目录下建立 network/admin 两层文件夹，接着在 admin 目录内建立 tnsnames. ora 文件。

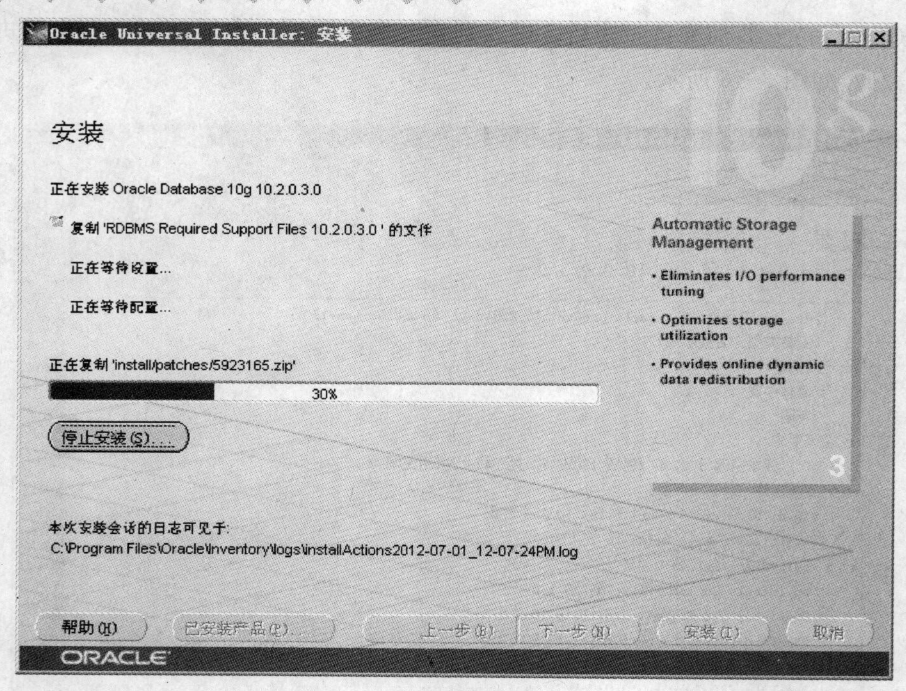

图 3—7 正在安装

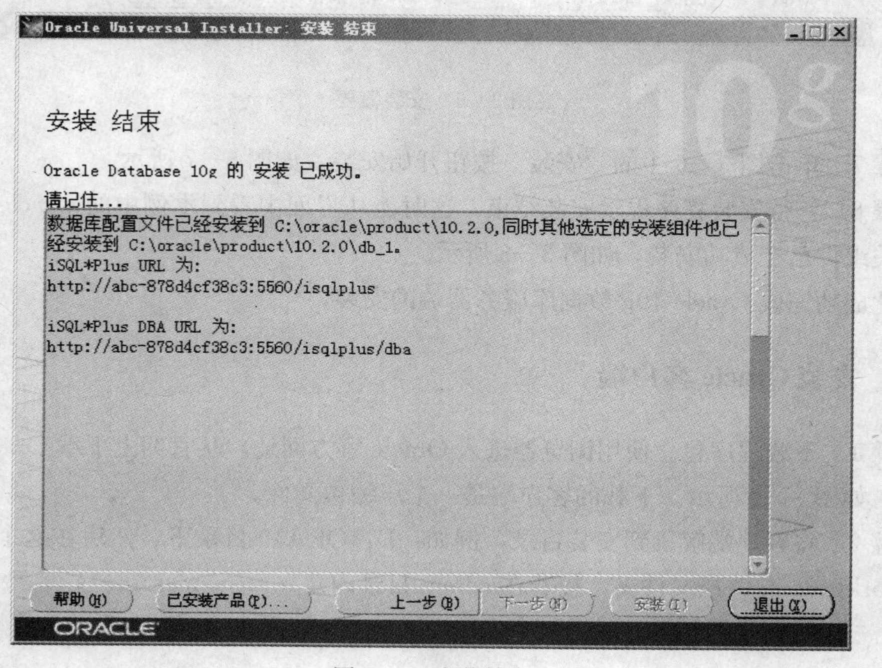

图 3—8 安装结束

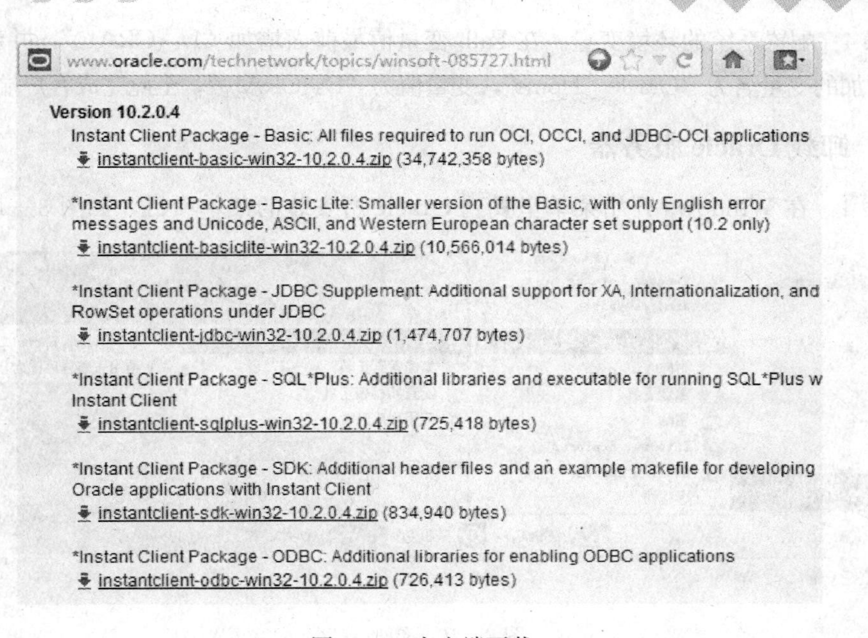

图 3—9　客户端下载

步骤 3　将 tnsnames. ora 文件以文本方式打开，并输入内容及格式如下：

```
<alias>=
 (DESCRIPTION =
  (ADDRESS_LIST =
   (ADDRESS=
              (PROTOCOL = TCP)
              (HOST =<hostname>)
              (PORT =<portnumber (1521 is a standard port used)>)
    )
   )
   (CONNECT_DATA =
     (SERVICE_NAME = <database_name>)
   )
 )
```

这里根据 Oracle 数据库服务器的实际情况进行修改，注意中间的空格，如果空格多了或少了都有可能出现错误。

步骤 4　配置系统的环境变量。在 Path 变量值最前面增加“D:\ORA10”，并新建一个变量，新增加的变量名为“Oracle _ Home”，变量值为“D:\ORA10”，至此完成客户端的设置。

三、卸载 Oracle 服务器

步骤 1　在 Windows 开始菜单里找到 Oracle 所安装的菜单项目，如图 3—10 所示。

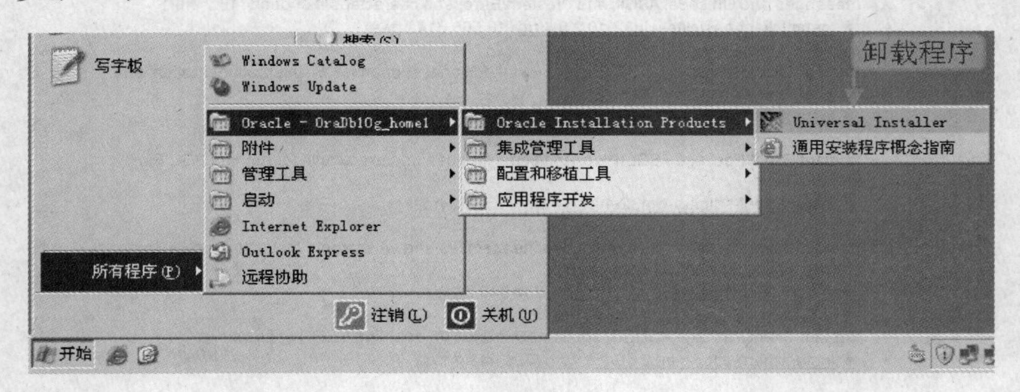

图 3—10　卸载程序

步骤 2　单击“Universal Installer”后等待出现 Oracle 欢迎界面，如图 3—11 所示。

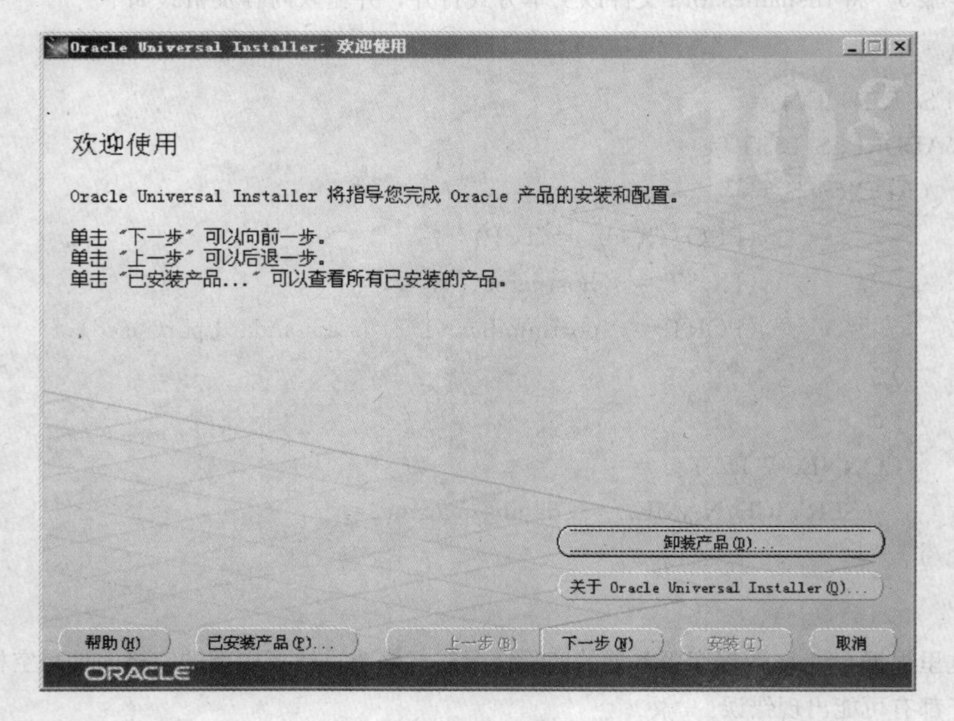

图 3—11　Oracle 欢迎界面

步骤 3　单击欢迎界面内的“卸载产品”按钮，将弹出“产品清单”界面，如图 3—12 所示。

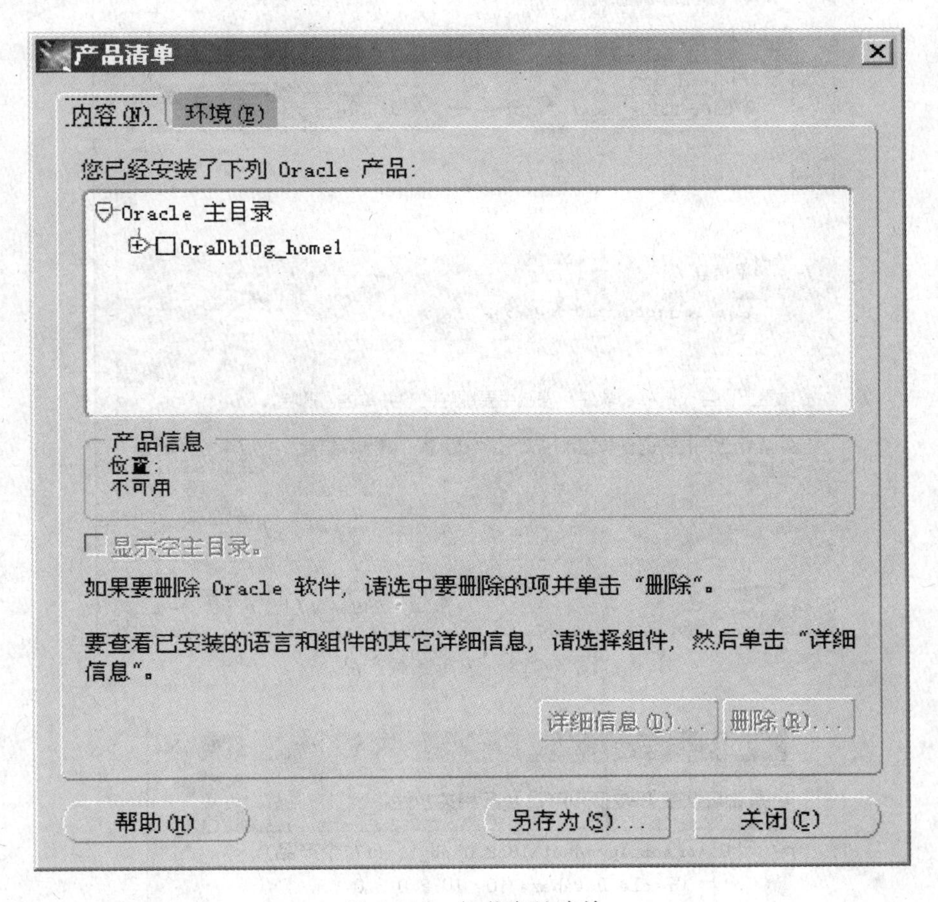

图 3—12　卸载产品清单

步骤 4　本次将删除已经安装的 Oracle 10g 数据库服务器端的程序，所以勾选删除的对象，如图 3—13 所示。

步骤 5　勾选完毕后，单击“删除”按钮进入到删除确认界面，如图 3—14 所示。

步骤 6　从图 3—14 中可以看到已经安装的 Oracle 组件，单击“是”按钮即开始删除 Oracle 10g 的服务器端程序，进入到删除过程的界面，如图 3—15 所示。

步骤 7　卸载进度达到 100%时即完成删除操作，此时将返回到产品清单的界面，由于服务器端程序已经卸载，产品清单内没有原安装的 Oracle 产品，如图 3—16 所示。

至此完成 Oracle 服务器端的程序卸载。

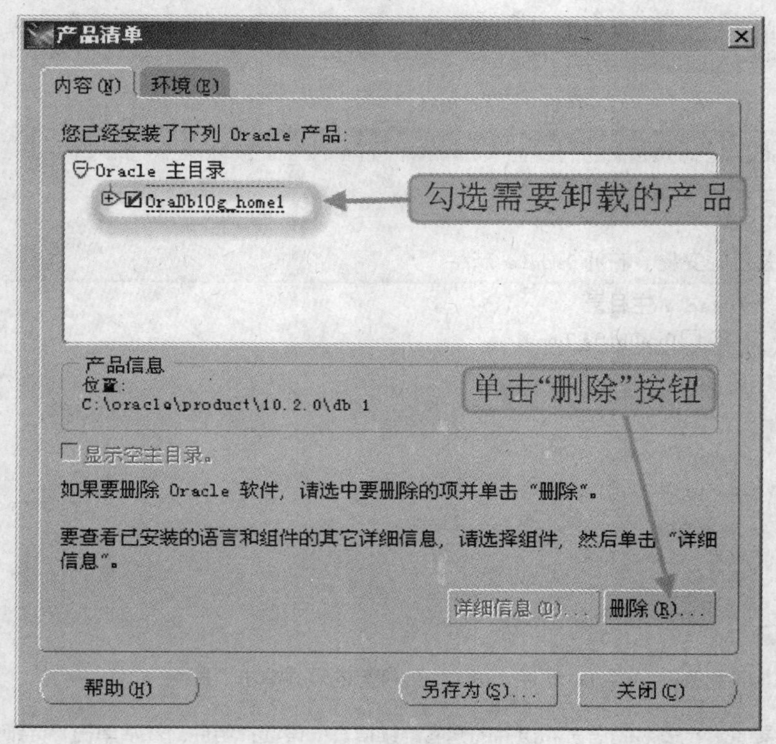

图 3—13　选择卸载产品

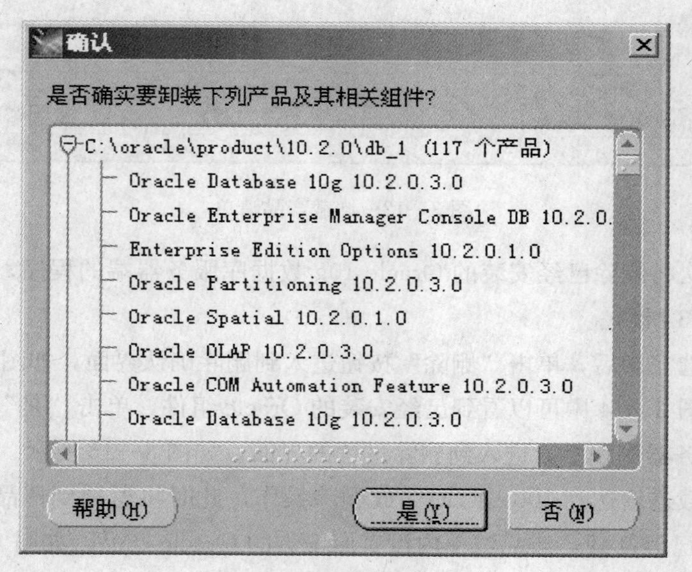

图 3—14　确认卸载产品

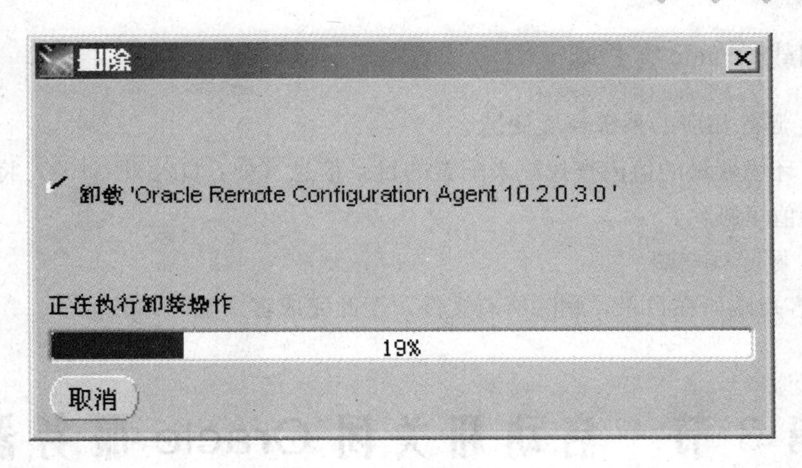

图 3—15　开始卸载产品

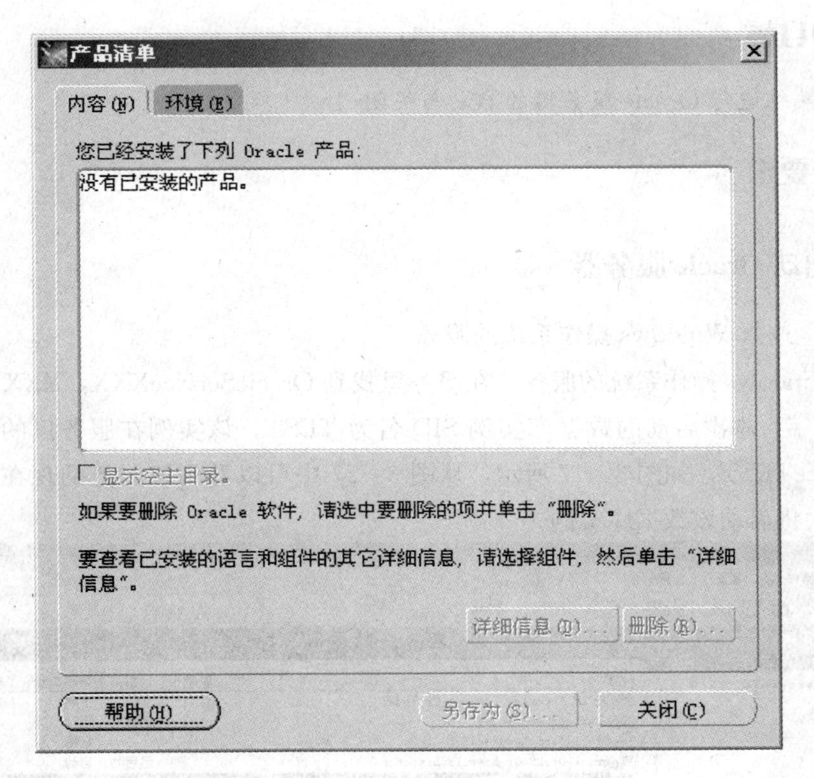

图 3—16　完成卸载

四、卸载 Oracle 客户端

步骤 1　删除相应的系统环境变量

在 Path 环境变量的值内查找原来配置的目录信息（如：D:\ORA10），将找到的目录从 Path 变量值里删除。

步骤 2　删除客户端

进入到客户端所在目录，删除所有文件，至此完成客户端的卸载。

第 3 节　启动和关闭 Oracle 服务器

学习目标

➢能够熟练进行 Oracle 服务器的启动与关闭

知识要求

一、启动 Oracle 服务器

步骤 1　进入 Windows 操作系统的服务

打开 Windows 操作系统的服务，在服务里找到 OracleServiceXXX，XXX 指的是数据库的 SID 名字，本次启动的数据库实例 SID 名为 TEST，该实例在服务里的服务名称为 OracleServiceTEST，如图 3—17 所示，从图 3—17 中可以看到该服务的现在状态为“未启动”，本次将启动该数据库实例。

服务

文件(F)　操作(A)　查看(V)　帮助(H)

服务(本地)

OracleServiceTEST

启动此服务

名称	描述	状态	启动类型	登录为
NT LM Security Support Provider	为...		手动	本地系统
OracleDBConsoletest		已启动	自动	本地系统
OracleJobSchedulerTEST			禁用	本地系统
OracleOraDb10g_home1TNSListener		已启动	自动	本地系统
OracleServiceTEST			自动	本地系统
Performance Logs and Alerts	收...		自动	网络服务
Plug and Play	使...	已启动	自动	本地系统
Portable Media Serial Number Service	Ret		手动	本地系统

图 3—17　Windows 服务

步骤 2　打开服务属性

找到服务后单击鼠标右键，在弹出的快捷菜单中选择“属性”命令，将会打开 OracleServiceTEST 的属性窗口，如图 3—18 所示，从图中可以了解到该数据库服务处于“已停止”状态。

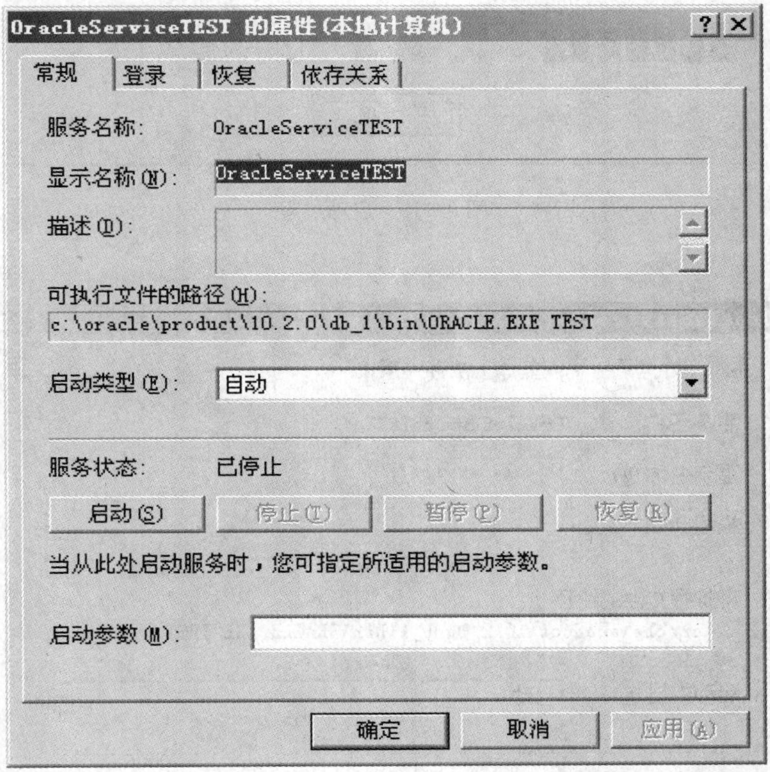

OracleServiceTEST 的属性(本地计算机)
常规 登录 恢复 依存关系
服务名称: OracleServiceTEST
显示名称(N): OracleServiceTEST
描述(D):
可执行文件的路径(H):
c:\oracle\product\10.2.0\db_1\bin\ORACLE.EXE TEST
启动类型(E): 自动
服务状态: 已停止
启动(S) 停止(T) 暂停(P) 恢复(R)
当从此处启动服务时，您可指定所适用的启动参数。
启动参数(M):
确定 取消 应用(A)

图 3—18　属性窗口

步骤 3　单击启动操作

在属性窗口里单击“启动”按钮，将进行该实例的启动，如图 3—19 所示为实例正在启动。

步骤 4　确认服务是否启动

启动过程结束后，可以在属性窗口中看到服务已经启动，如图 3—20 所示，至此已经成功启动 TEST 数据库实例。

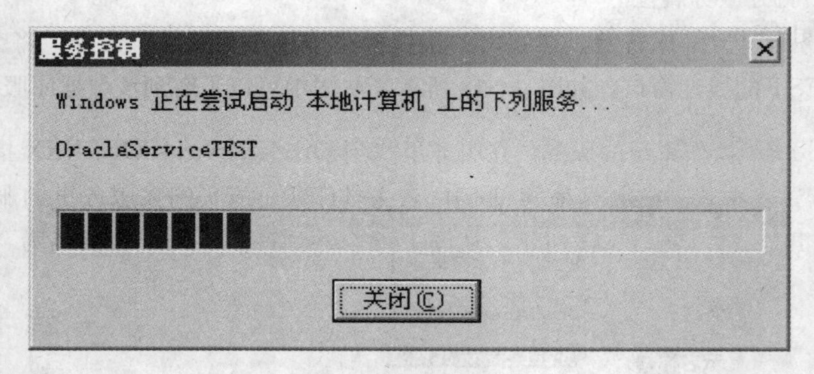

图 3—19 启动过程

OracleServiceTEST 的属性(本地计算机)

常规 | 登录 | 恢复 | 依存关系

服务名称: OracleServiceTEST

显示名称(N): OracleServiceTEST

描述(D):

可执行文件的路径(H):

c:\oracle\product\10.2.0\db_1\bin\ORACLE.EXE TEST

启动类型(E): 自动

服务状态: 已启动

启动(S) 停止(T) 暂停(P) 恢复(R)

当从此处启动服务时，您可指定所适用的启动参数。

启动参数(M):

确定 取消 应用(A)

图 3—20 属性窗口

二、关闭 Oracle 服务器

步骤 1　进入 Windows 操作系统的服务

打开 Windows 操作系统的服务，在服务里找到 OracleServiceXXX，XXX 指的是数据库的 SID 名字，本次关闭的数据库实例 SID 名为 TEST，该实例在服务里的服务名称为 OracleServiceTEST，如图 3—21 所示，从图上可以看到该服务的现在状态为“已启动”，本次将关闭该数据库实例。

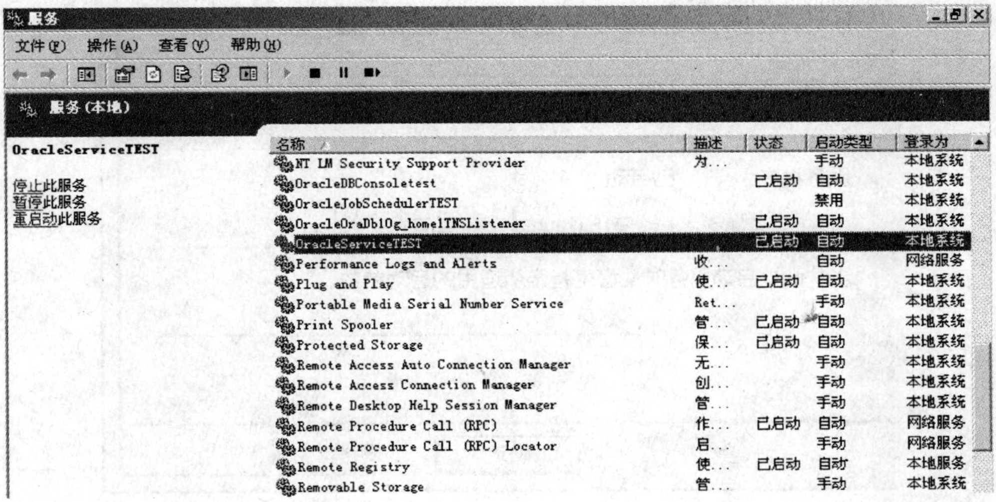

图 3—21　Windows 服务

步骤 2　打开服务属性

找到服务后单击鼠标右键，在弹出的快捷菜单中选择“属性”命令，将会打开 OracleServiceTEST 的属性窗口，如图 3—22 所示，从图中可以了解到该数据库服务处于“已启动”状态。

步骤 3　单击停止操作

在属性窗口里单击“停止”按钮，将关闭该实例，如图 3—23 所示为实例关闭中。

步骤 4　确认服务是否已经停止

停止过程结束后，可以在属性窗口中看到服务已经停止，如图 3—24 所示。

至此已经成功停止 TEST 数据库实例。

OracleServiceTEST 的属性（本地计算机）

常规 | 登录 | 恢复 | 依存关系

服务名称: OracleServiceTEST

显示名称(N): OracleServiceTEST

描述(D):

可执行文件的路径(H):

c:\oracle\product\10.2.0\db_1\bin\ORACLE.EXE TEST

启动类型(E): 自动

服务状态: 已启动

启动(S) 停止(T) 暂停(P) 恢复(R)

当从此处启动服务时，您可指定所适用的启动参数。

启动参数(M):

确定 取消 应用(A)

图 3—22　属性窗口

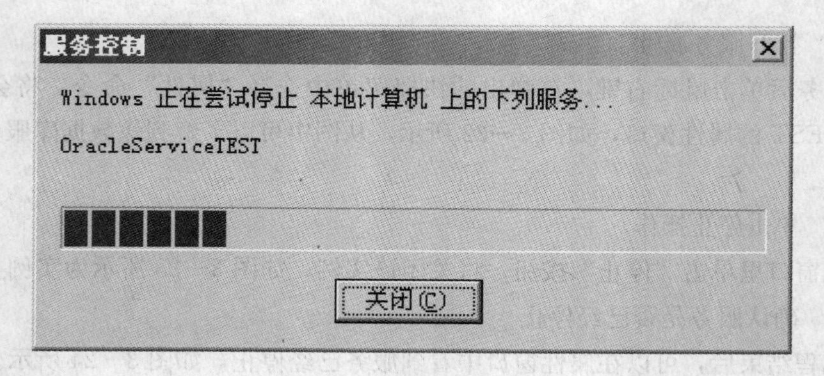

图 3—23　停止过程

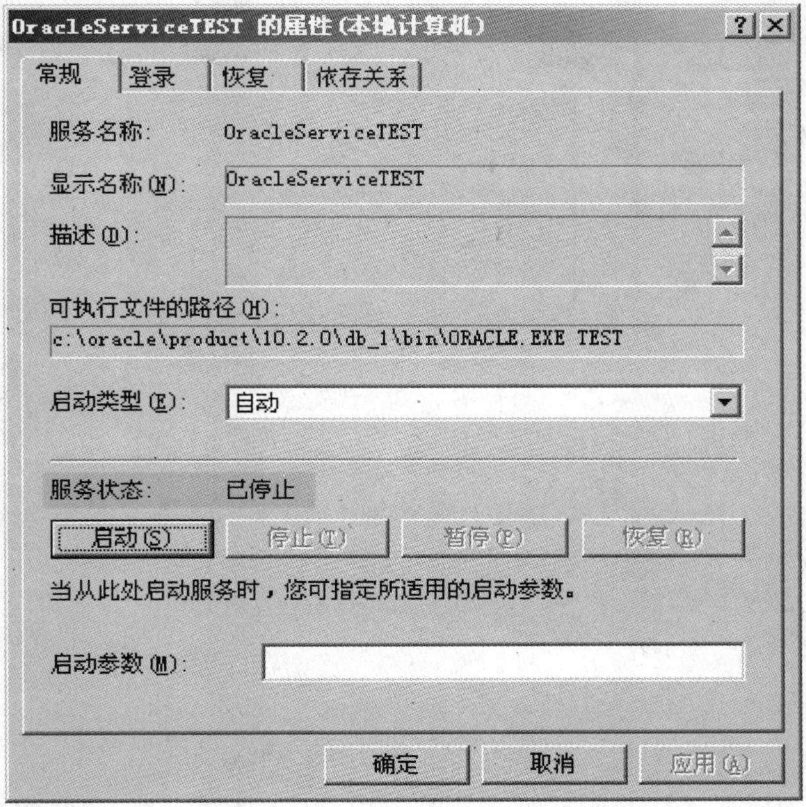

OracleServiceTEST 的属性(本地计算机)

常规 | 登录 | 恢复 | 依存关系

服务名称: OracleServiceTEST

显示名称(N): OracleServiceTEST

描述(D):

可执行文件的路径(H):

c:\oracle\product\10.2.0\db_1\bin\ORACLE.EXE TEST

启动类型(E): 自动

服务状态: 已停止

启动(S) 停止(T) 暂停(P) 恢复(R)

当从此处启动服务时，您可指定所适用的启动参数。

启动参数(M):

确定 取消 应用(A)

图 3—24 属性窗口

第4章

Oracle 数据库基础操作

第1节　数据库操作

学习单元1　创建数据库

学习目标

➢能够熟练操作企业管理器进行数据库的创建

技能要求

数据库是长期存储在计算机内、有组织的、可共享的数据集合，它不仅包括数据本身的内容，而且反映了数据之间的联系。

一、使用 Database Configuration Assistant 创建数据库

在 Oracle 中创建数据库通常有两种方法。一是使用 Oracle 的建库工具 DBCA，这是一个图形界面工具，其界面友好、美观，而且提示也比较齐全，因而使用起来方便且很容易理解。

步骤 1　在 Windows 系统中通过开始菜单打开 Database Configuration Assistant (DBCA) 工具，如图 4—1 所示。

步骤 2　单击 DBCA 工具后，程序开始运行并出现欢迎使用界面，如图 4—2 所示。

步骤 3　由于 DBCA 工具使用向导方式操作，使得创建数据库工作非常简单，只需要根据向导的提示进行就能完成数据库的创建。现在单击“下一步”按钮进入操作选择界面，如图 4—3 所示。

步骤 4　本次操作为创建数据库，所以选择“创建数据库”选项后单击“下一步”按钮进入数据库模板选择界面，如图 4—4 所示。

步骤 5　Oracle 已经为创建数据库提供了 4 个默认可选择的模板，用于创建数据库，

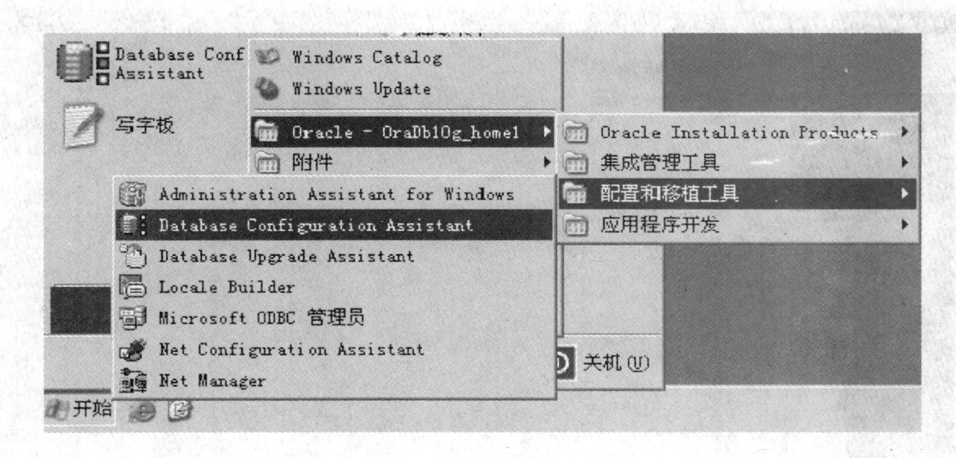

图 4—1　打开 Database Configuration Assistant 工具

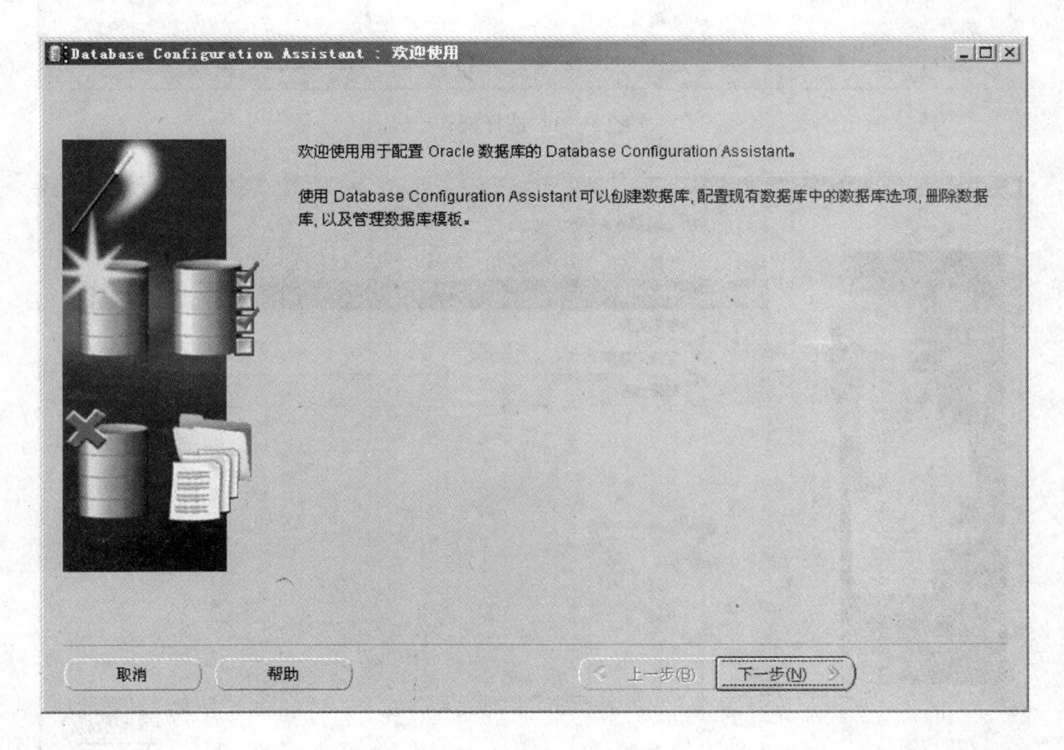

图 4—2　欢迎使用界面

这里使用默认“一般用途”模板进行数据库的创建，然后单击“下一步”按钮进入到数据库标识设置界面，如图 4—5 所示。

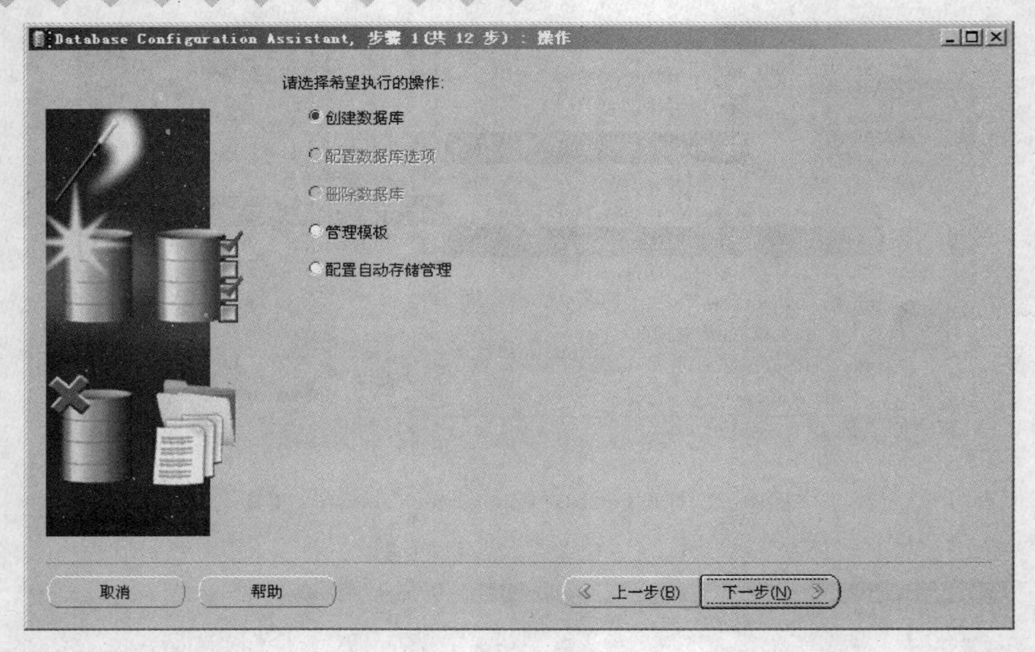

图 4—3 选择操作

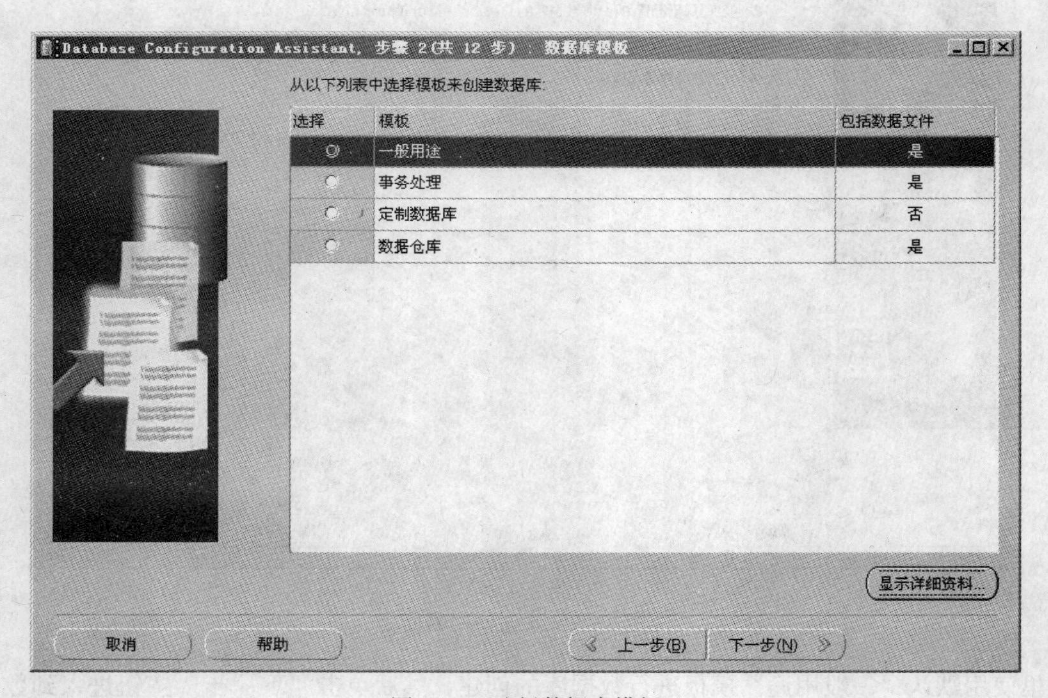

图 4—4 选择数据库模板

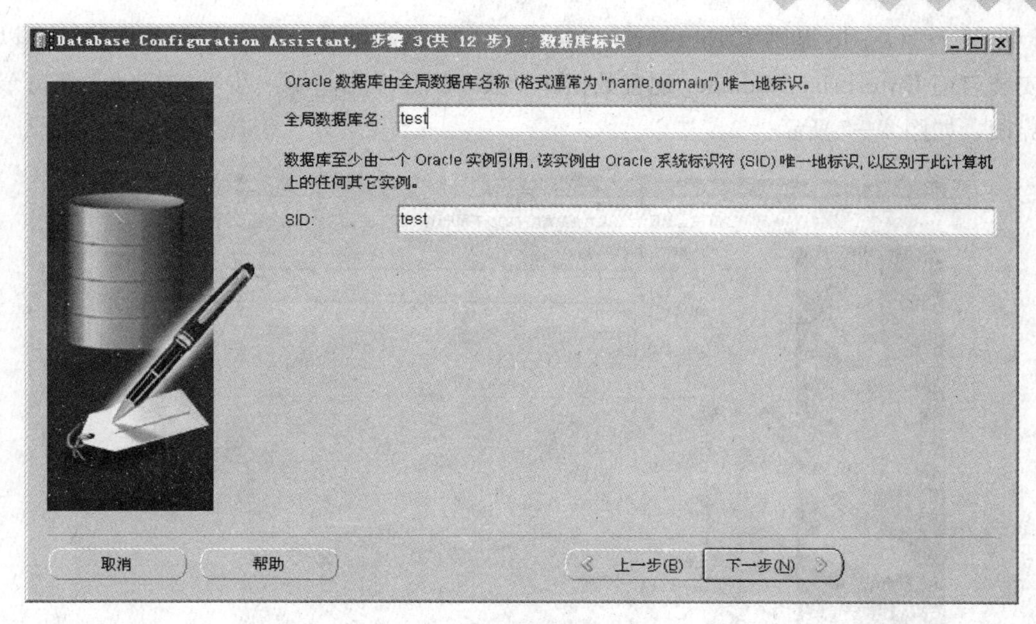

图 4—5　设置数据库实例名

步骤 6　本次创建的全局数据库名为 test，在输入数据库名后单击“下一步”按钮进入到管理选项界面，如图 4—6 所示。

图 4—6　启用 Enterprise Manager

步骤 7　Oracle 提供了 Enterprise Manager Grid Control 工具来管理数据库，所以本次安装启用 Enterprise Manager 配置数据库工具，然后单击“下一步”按钮进入到口令设置界面，如图 4—7 所示。

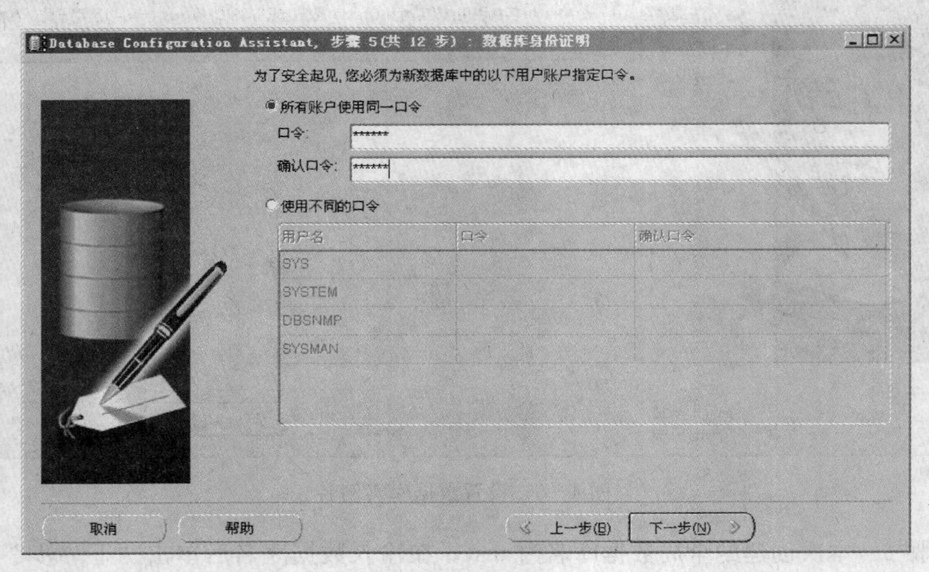

图 4—7　设置数据库口令

步骤 8　Oracle 提供两种设置口令的方法，一种是“所有账户使用同一口令”，即对 Oracle 数据库默认的所有用户使用同一个口令，当然也可以选择另一种“使用不同的口令”，即分别为每个默认用户设置口令，本次操作使用“所有账户使用同一口令”，设置好口令后，单击“下一步”按钮进入到存储选项设置界面，如图 4—8 所示。

步骤 9　Oracle 提供了 3 种存储机制，分别为：文件系统、自动存储管理（ASM）、裸设备。本次使用“文件系统”作为所创建数据库的存储机制，然后单击“下一步”按钮进入到“数据库文件所在位置”的设置界面，如图 4—9 所示。

步骤 10　本次创建的数据库文件使用模板中定义的数据库文件位置，所以使用默认选项单击“下一步”按钮进入到恢复配置界面，如图 4—10 所示。本步骤用于设置数据库是否使用快速恢复区和归档设置，本次创建的数据库使用快速恢复区，不启用归档模式。

步骤 11　指定快速恢复区的路径，使用向导中提供的路径为快速恢复区，并单击“下一步”按钮进入数据库内容界面，如图 4—11 所示。

步骤 12　在步骤 11 中不使用示例方案及定制脚本，直接单击“下一步”按钮进入初始化参数设置界面，如图 4—12 所示。

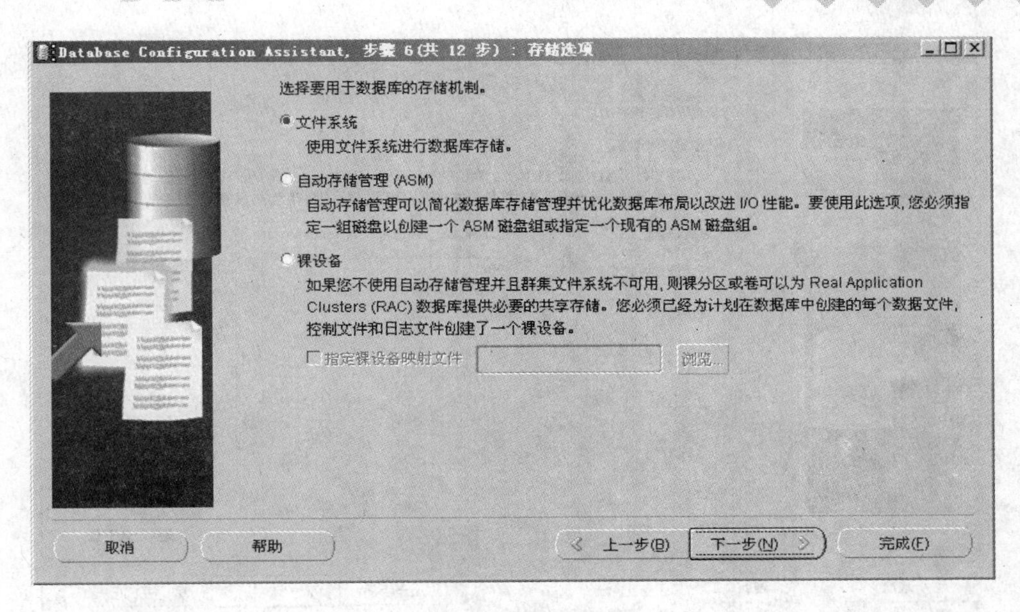

图 4—8　设置存储机制

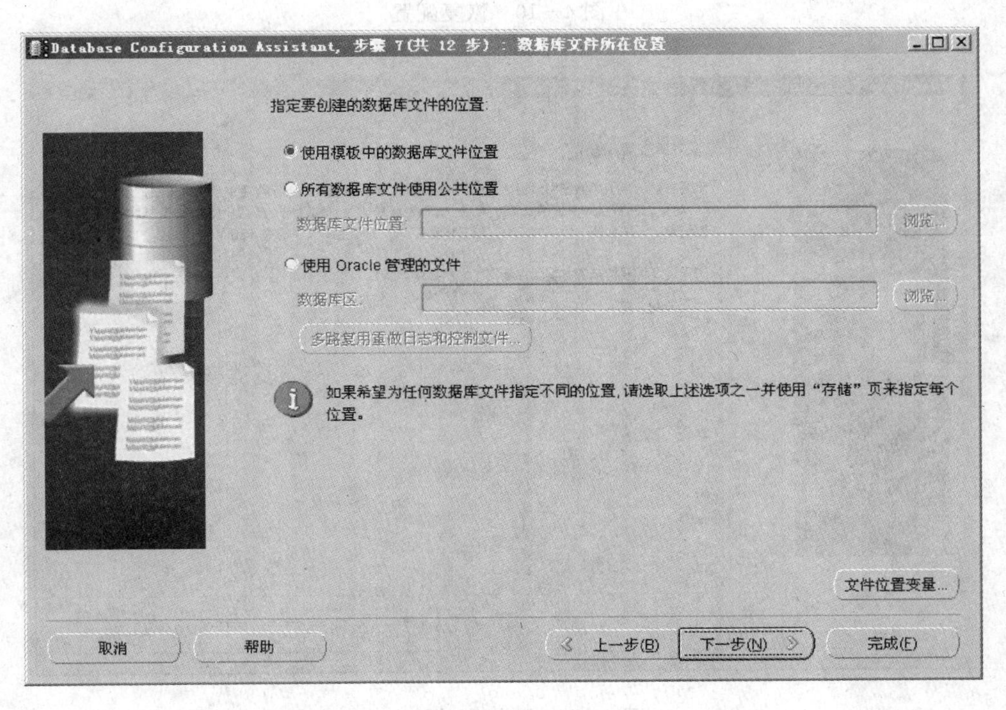

图 4—9　指定要创建的数据库文件的位置

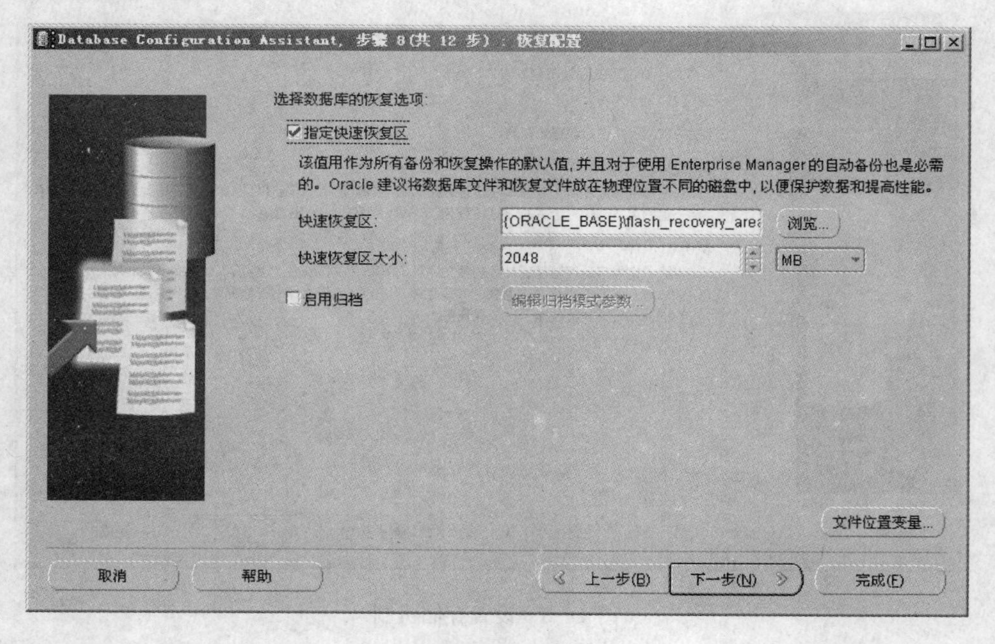

图 4—10　恢复配置

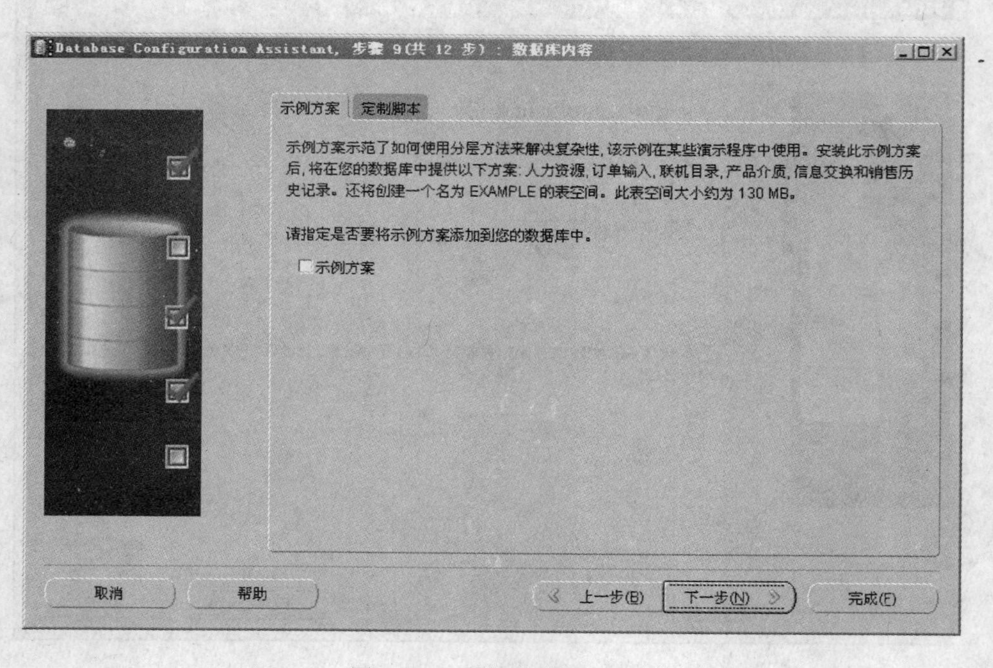

图 4—11　数据库其他内容

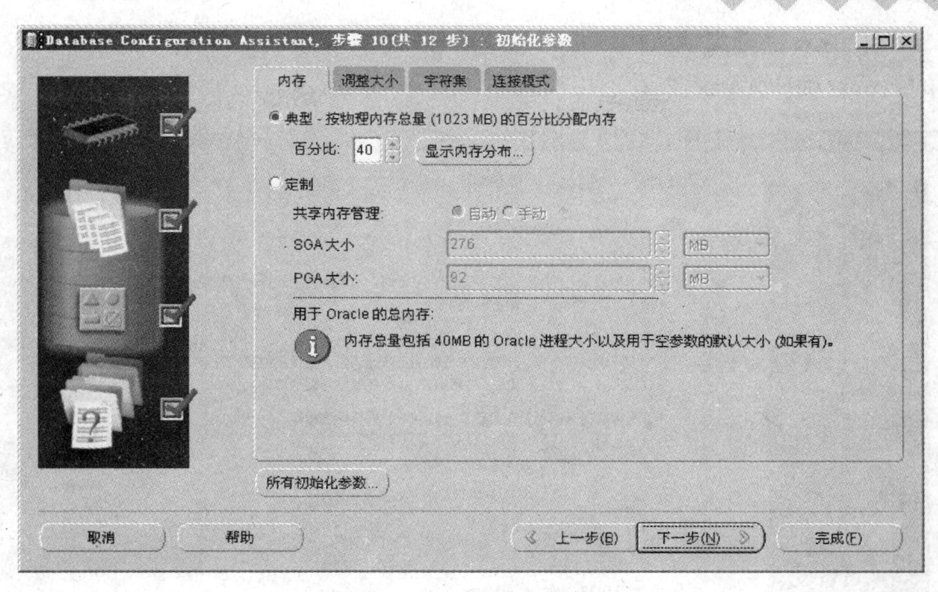

图 4—12　初始化内存

步骤 13　首先设置内存，由于数据库运行中需要使用大量的内存，所以为本次创建的数据库分配物理内存的 40%（即默认值），接着进入到“字符集”选项界面，如图 4—13 所示。

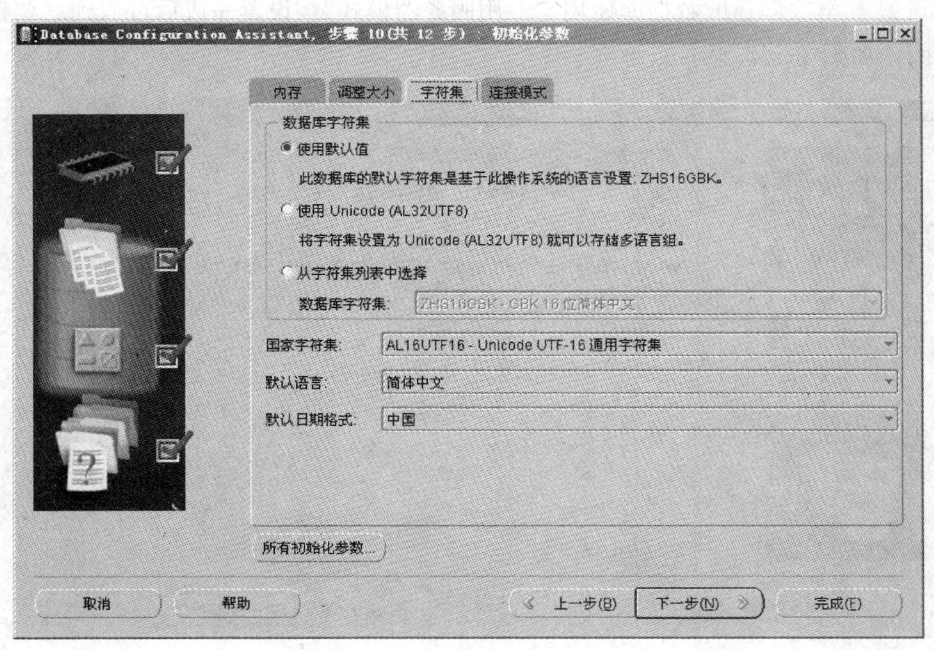

图 4—13　初始化字符集

步骤 14　查看字符集默认语言是否为“简体中文”，如果字符集设置不正确，会影响对中文的显示，确认无误后查看连接模式，如图 4—14 所示。

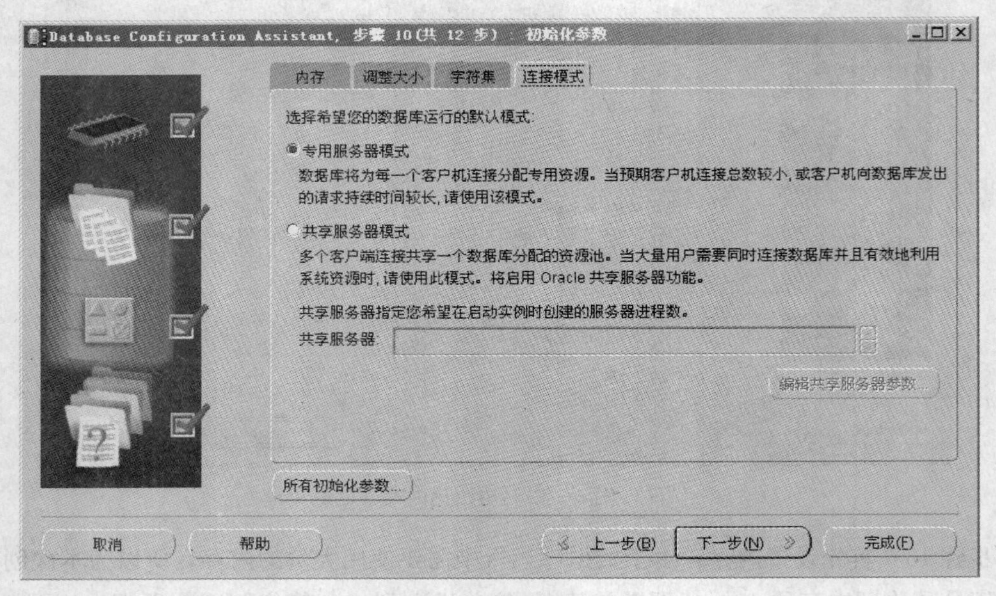

图 4—14　初始化连接模式

步骤 15　本次创建的数据库使用“专用服务器模式”，设置完成后进入到“调整大小”选项界面，如图 4—15 所示。

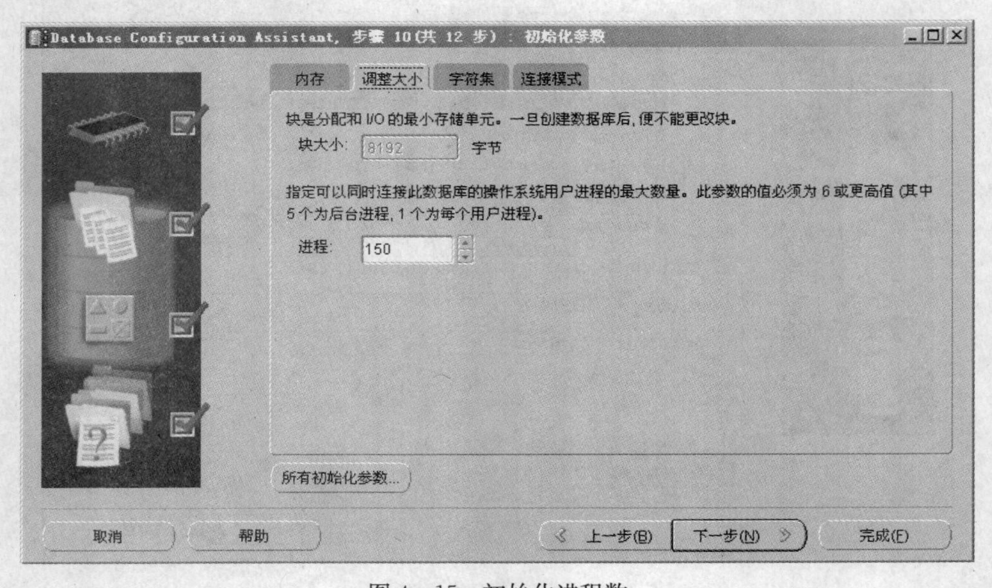

图 4—15　初始化进程数

步骤 16　本选项卡内分别显示默认块的大小及数据可以使用的进程数量，Oracle 默认使用 8 KB 的块作为分配和 I/O 的最小存储单元；并设定可以同时连接本例数据库的操作系统用户进程的最大数量为 150 个，完成这些设置后单击“下一步”按钮，进入如图 4—16 所示数据库存储设置界面。

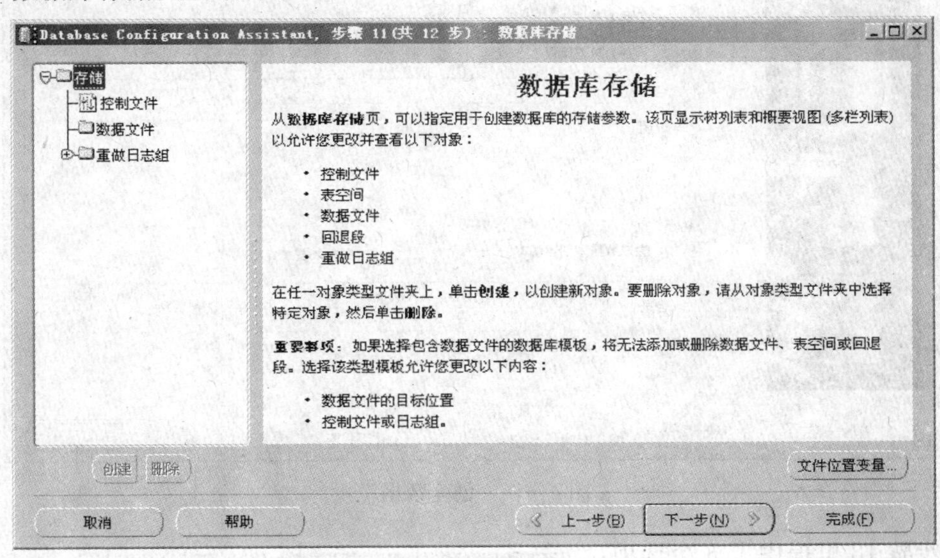

图 4—16　数据库存储

步骤 17　在数据库存储设置界面，对控制文件、数据文件以及重做日志组的存放位置或数量进行设置和确认。如图 4—17 所示为控制文件的所有镜像文件名及存放位置。

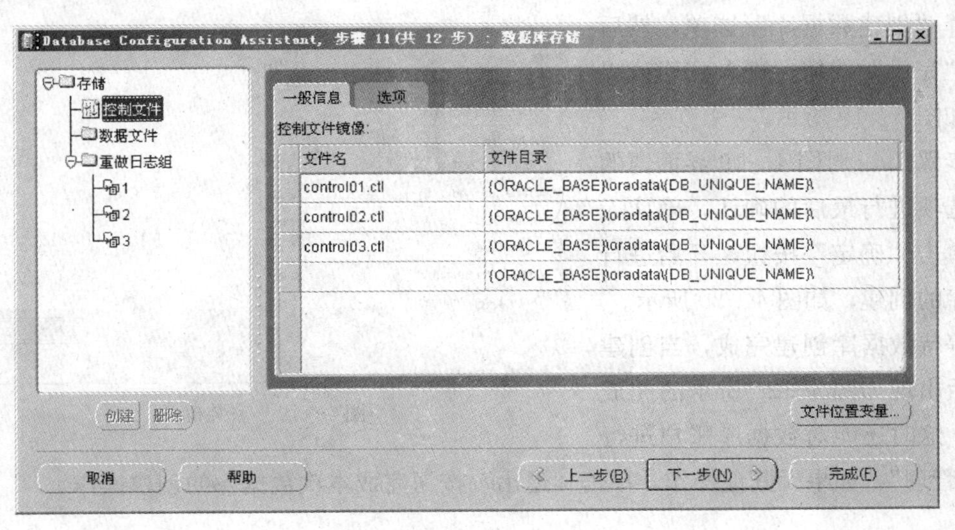

图 4—17　控制文件

步骤 18　对数据库的各项存储确认无误后单击“下一步”按钮，进入到创建选项界面，如图 4—18 所示。

图 4—18　创建数据库

在步骤 18 里提供了 3 个选项，分别为“创建数据库”“另存为数据库模板”和“生成数据库创建脚本”，本次操作是创建数据库，所以选择“创建数据库”选项，然后单击“完成”按钮，进入到确认界面，如图 4—19 所示。

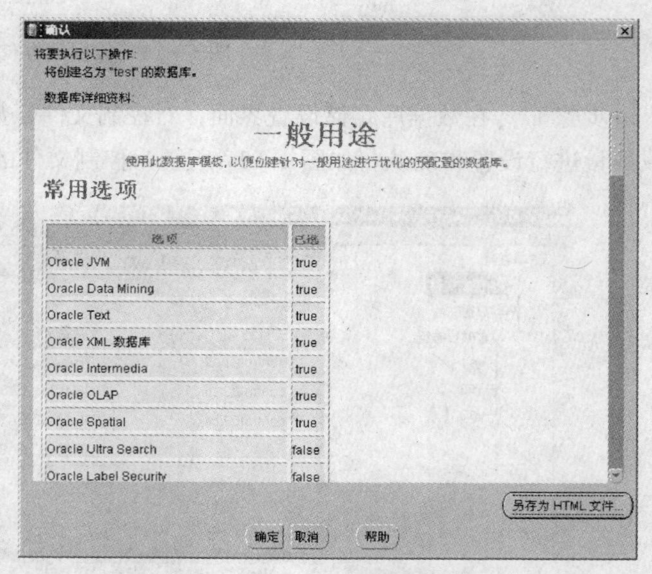

图 4—19　安装确认

步骤 19　对图 4—19 界面内的各类选项进行最后的确认，确认无误后单击“确定”按钮，开始进行数据库的创建，如图 4—20 所示。

等待数据库创建完成，当创建完成后出现如图 4—21 所示的完成窗口，这时还能对数据库账户进行“口令管理”，如果无其他操作，单击“退出”按钮完成本次数据库的创建操作。

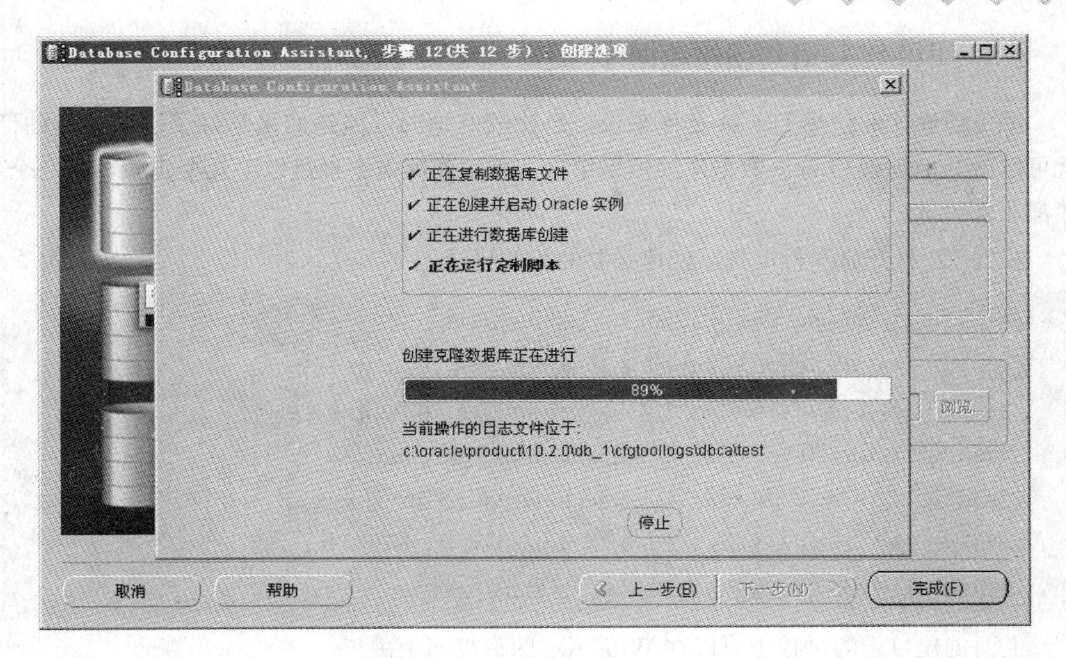

图 4—20　正在安装 Oracle

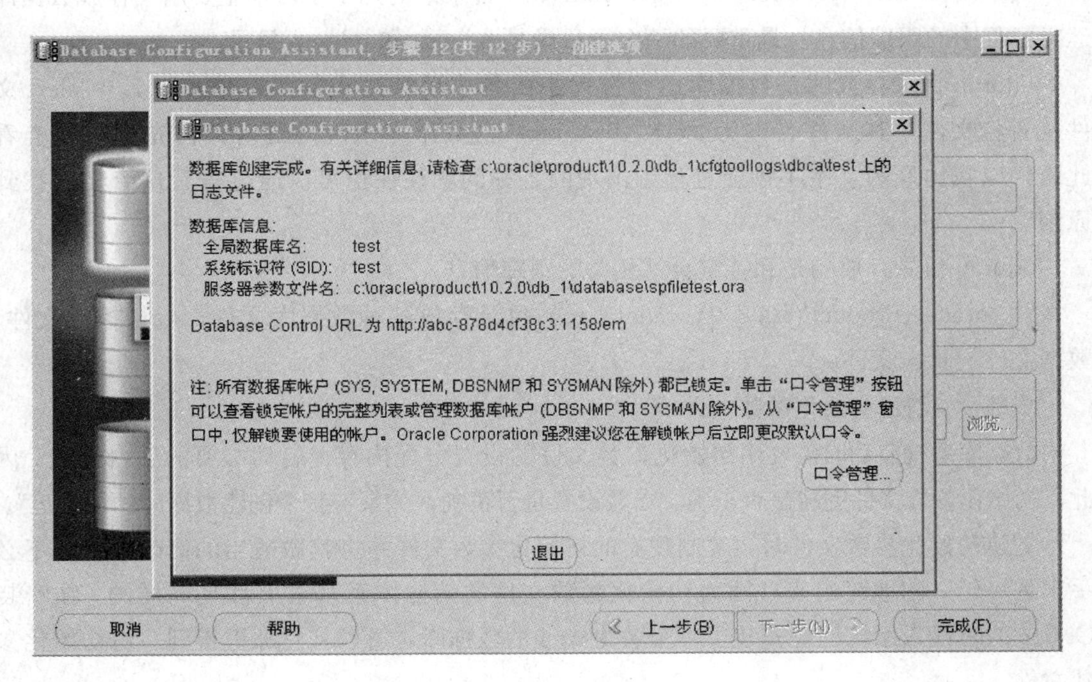

图 4—21　安装完毕

二、使用SQL语句创建数据库

手工建库比起使用DBCA建库来说，是比较麻烦的，但是如果学好了手工建库的话，就可以更好地理解Oracle数据库的体系结构。手工建库需要经过以下几个步骤，每一个步骤都非常关键。

步骤1　打开命令行工具，创建必要的相关目录

```
C:\>mkdir D:\oracle\product\10.2.0\admin\test
C:\>mkdir D:\oracle\product\10.2.0\admin\test\bdump
C:\>mkdir D:\oracle\product\10.2.0\admin\test\udump
C:\>mkdir D:\oracle\product\10.2.0\admin\test\cdump
C:\>mkdir D:\oracle\product\10.2.0\admin\test\pfile
C:\>mkdir D:\oracle\product\10.2.0\admin\test\create
C:\>mkdir D:\oracle\product\10.2.0\oradata\test
```

上面创建目录的过程也可以在Windows图形界面中进行。

其中D:\oracle\product\10.2.0\admin\test目录下的几个子目录主要用于存放数据库运行过程中的跟踪信息。最重要的两个子目录是bdump和udump目录。

bdump目录存放的是数据库运行过程中的各个后台进程的跟踪信息，其中alert文件是警告文件，其文件名称为alert_test.log，当数据库出现问题时，首先就可以查看此文件以找出原因，手工创建过程中出现的各种问题往往也可以通过查看这个文件找到原因。

udump目录存放的是和特定会话相关的跟踪信息。

D:\oracle\product\10.2.0\oradata\test目录存放各种数据库文件，包括控制文件、数据文件、日志文件。

步骤2　创建初始化参数文件

数据库系统启动时需要用初始化参数文件的设置分配内存、启动必要的后台进程。因此，初始化参数文件创建是否正确、参数设置是否正确，关系着整个创建数据库的“命运”。

创建初始化参数文件时，复制现有的初始化参数文件并将其做适当的修改即可，不必手工去一句一句地写出来，因为初始化参数文件的结构体系基本上都是一样的。在安装Oracle的时候，系统已经安装了一个名为orcl的数据库，可以从它那里得到一份初始化参数文件。

打开D:\oracle\product\10.2.0\admin\orcl\pfile，找到init.ora文件，把它复制到

D:\oracle\product\10.2.0\bd_1\database下，并将其改名为inittest.ora。接着用记事本的方式打开inittest.ora，修改以下内容：

```
db_domain=""    ———数据库域名
dbname=test
control_files=("D:\oracle\product\10.2.0\oradata\test\control01.ctl",
"D:\oracle\product\10.2.0\oradata\test\control02.ctl",
"D:\oracle\product\10.2.0\oradata\test\control03.ctl")
undo_management=AUTO  —— Undo空间管理方式
undo_tablespace=UNDOTBS1  ——注意此处的"UNDOTBS1"要和建库脚步本中对应
background_dump_dest=D:\oracle\product\10.2.0\admin\test\bdump ———后台进程跟踪文件生成的位置
core_dump_dest=D:\oracle\product\10.2.0\admin\test\cdump
user_dump_dest=D:\oracle\product\10.2.0\admin\test\udump
```

步骤3　设置环境变量

打开命令行，设置环境变量oracle_sid。

```
C:\>set oracle_sid=test
C:\>set ORACLE_HOME=D:\oracle\product\10.2.0\db1
```

设置环境变量的目的是在默认的情况下，指定命令行中所操作的数据库实例是test。

步骤4　创建实例（即后台控制服务）

```
C:\>oradim -new -sid test
```

oradim是创建实例的工具程序名称，-new表明执行新建实例，-delete表明执行删掉实例，-sid指定实例的名称。

步骤5　创建口令文件

```
C:\>orapwd file=%ORACLE_HOME%\database\pwdtest.ora password=teststore entries=5
```

orapwd是创建口令文件的工具程序名称，file参数指定口令文件所在的目录和文件名称，password参数指定sys用户的口令，entries参数指定数据库拥有DBA权限的用户的个数，此外还有一个force参数，表示是否强制覆盖。

口令文件专门存放sys用户的口令，因为sys用户要负责创建数据库、启动数据库、关闭数据库等特殊任务，所以 sys 用户的口令单独存放于口令文件中，这样数据库未打开时也能进行口令验证。

步骤 6　启动数据库

进入 SQLPLUS，启动数据库到 nomount（实例）状态。

```
C:\>sqlplus /nolog
SQL*Plus: Release 10.2.0.1.0—Production on 星期二 12月 23 10:04:11 2008
Copyright (c) 1982, 2005, Oracle. All rights reserved.
SQL>connect sys/teststore as sysdba   ---这里是用 sys 连接数据库
已连接到空闲例程
SQL>startup nomount
Oracle 例程已经启动。
Total System Global Area      285212672 bytes
Fixed Size           1248552 bytes
Variable Size          71303896 bytes
Database Buffers        205520896 bytes
Redo Buffers          7139328 bytes
SQL>
```

步骤 7　执行建库脚本

执行建库脚本前，首先要有建库的脚本。用记事本输入如下内容，并将其保存到 E 盘根目录下，并将该文件命名为 test.sql。

```
Create database test
datafile 'D:\oracle\product\10.2.0\oradata\test\system01.dbf' size 300M reuse auto-
extend on next 10240K maxsize unlimited
extent management local
sysaux datafile 'D:\oracle\product\10.2.0\oradata\test\sysaux01.dbf'
size 120M reuse autoextend on next 10240K maxsize unlimited
default temporary tablespace temp
tempfile 'D:\oracle\product\10.2.0\oradata\test\temp01.dbf' size 20M reuse autoex-
tend on next 640K maxsize unlimited
undo tablespace "UNDOTBS1"  —请注意这里的 undo 表空间要和参数文件对应
```

```
datafile 'D:\oracle\product\10.2.0\oradata\test\undotbs01.dbf' size 200M reuse auto-
extend on next 5120K maxsize unlimited
logfile
group 1 ('D:\oracle\product\10.2.0\oradata\test\redo01.log') size 10240K,
group 2 ('D:\oracle\product\10.2.0\oradata\test\redo02.log') size 10240K,
group 3 ('D:\oracle\product\10.2.0\oradata\test\redo03.log') size 10240K
```

接着就执行刚建的建库脚本：

```
SQL>start E:\test.sql
```

步骤 8　执行 catalog 脚本创建数据字典

```
SQL>start D:\oracle\product\10.2.0\db_1\RDBMS\ADMIN\catalog.sql
```

步骤 9　执行 catproc 脚本创建 package 包

```
SQL>start D:\oracle\product\10.2.0\db_1\RDBMS\ADMIN\catproc.sql
```

步骤 10　执行 pupbld

在执行 pupbld 之前，要把当前用户（sys）转换成 system，即以 system 账户连接数据库。因为此数据库是刚建的，所以 system 的口令是系统默认的口令，即 manager。也可以在数据库建好以后再重新设置此账户的口令。

```
SQL>connect system/manager
SQL>start D:\oracle\product\10.2.0\db_1\sqlplus\admin\pupbld.sql
```

步骤 11　初始化参数文件

由初始化参数文件创建 spfile 文件。

```
SQL>create spfile from pfile;
```

步骤 12　创建 scott 模式

执行 scott 脚本创建 scott 模式。

```
SQL>start D:\oracle\product\10.2.0\db_1\RDBMA\ADMIN\scott.sql
```

步骤 13　打开数据库到正常状态

做完了以上的步骤之后，就可以使用“SQL>alter database open;”语句打开数据库并正常使用了。

把数据库打开到正常状态。

```
SQL>alter database open;
```

步骤 14　以 scott 模式连接到数据库（口令为 tiger），测试新建数据库是否可以正常运行。至此，整个数据库就已经建好了。

学习单元 2　删除数据库

学习目标

➢能够熟练操作企业管理器进行数据库的删除

技能要求

使用企业管理器删除数据库

通过打开 Database Configuration Assistant 进行数据库删除操作。在 Windows 系统中通过开始菜单打开 Database Configuration Assistant（DBCA）工具，如图 4—1 所示。

步骤 1　DBCA 运行后进入到欢迎界面，如图 4—2 所示，单击“下一步”按钮进入到操作选择界面，如图 4—22 所示。

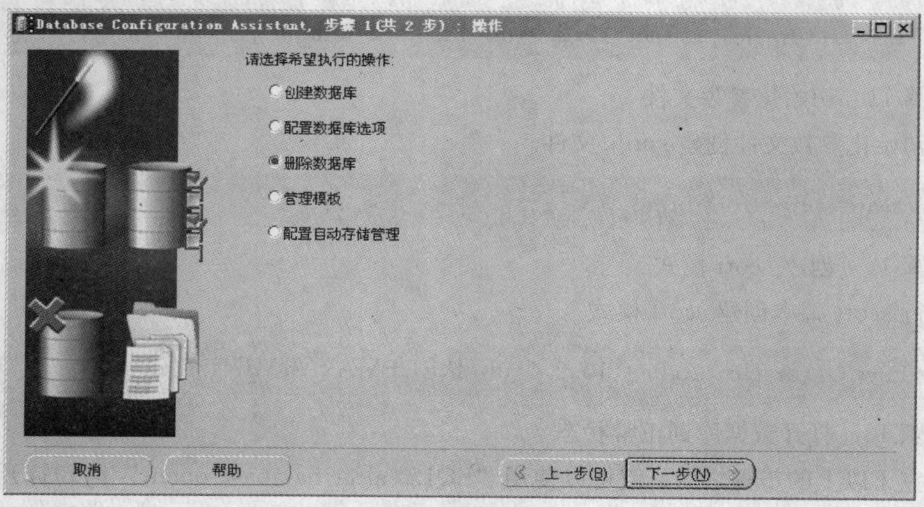

图 4—22　选择删除数据库

步骤 2　本次操作为删除数据库，所以选择“删除数据库”选项后单击“下一步”按钮，进入到选择要删除的数据库操作界面，如图 4—23 所示。

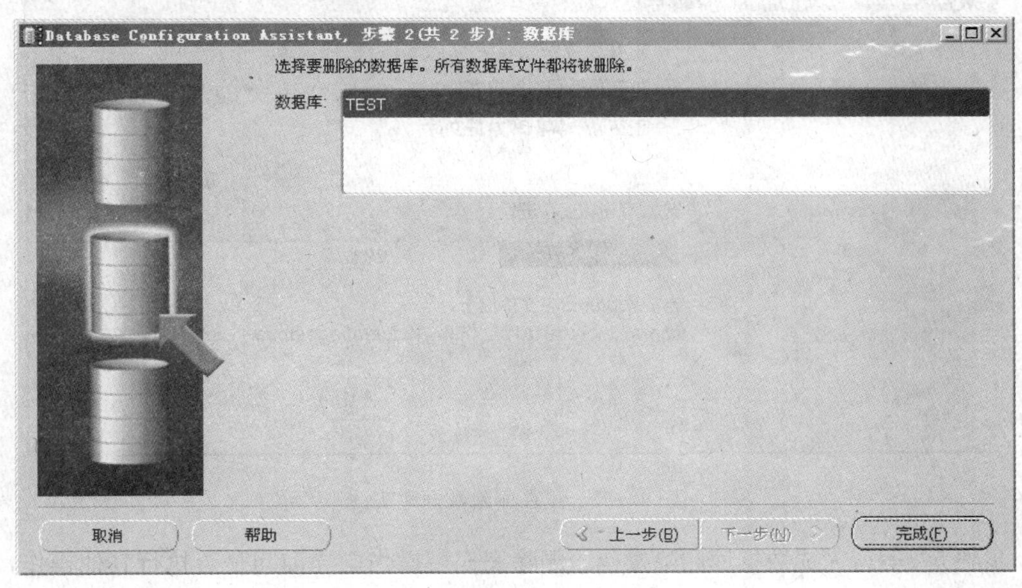

图 4—23　选择删除的数据库实例

步骤 3　本次是删除 TEST 数据库，所以选中 TEST 数据库，Oracle 将提示是否继续进行删除数据库的操作，如图 4—24 所示。

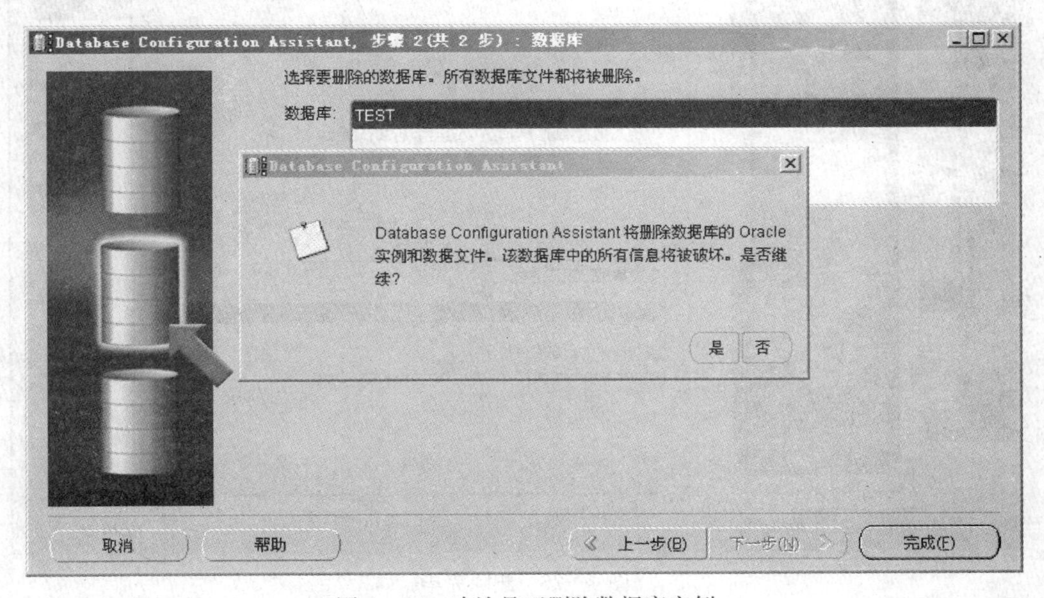

图 4—24　确认是否删除数据库实例

步骤 4　单击“是”按钮，Oracle 将开始删除数据，如图 4—25 所示。

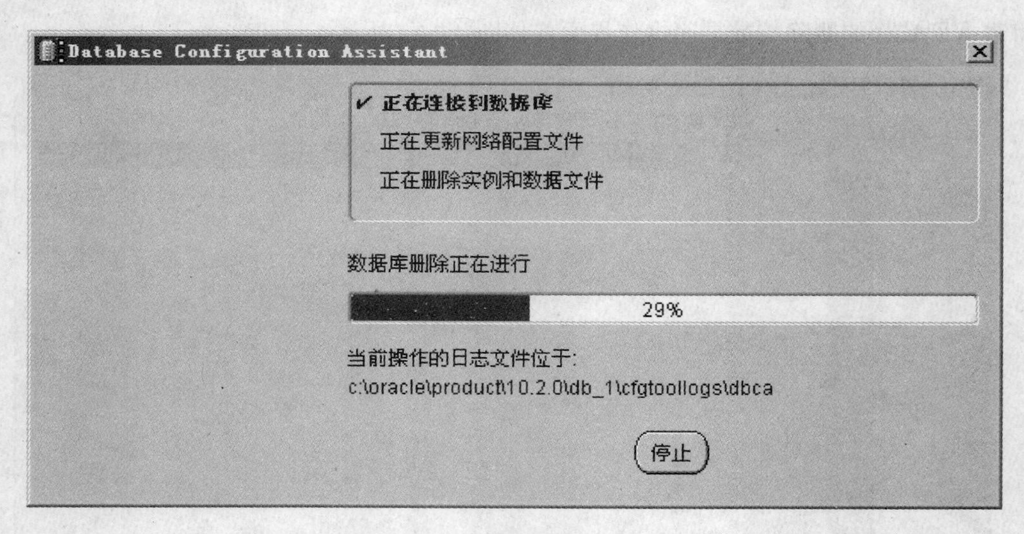

图 4—25　正在删除数据库实例

步骤 5　等待完成数据库删除操作，删除完成后操作向导询问是否执行其他操作，如图 4—26 所示。

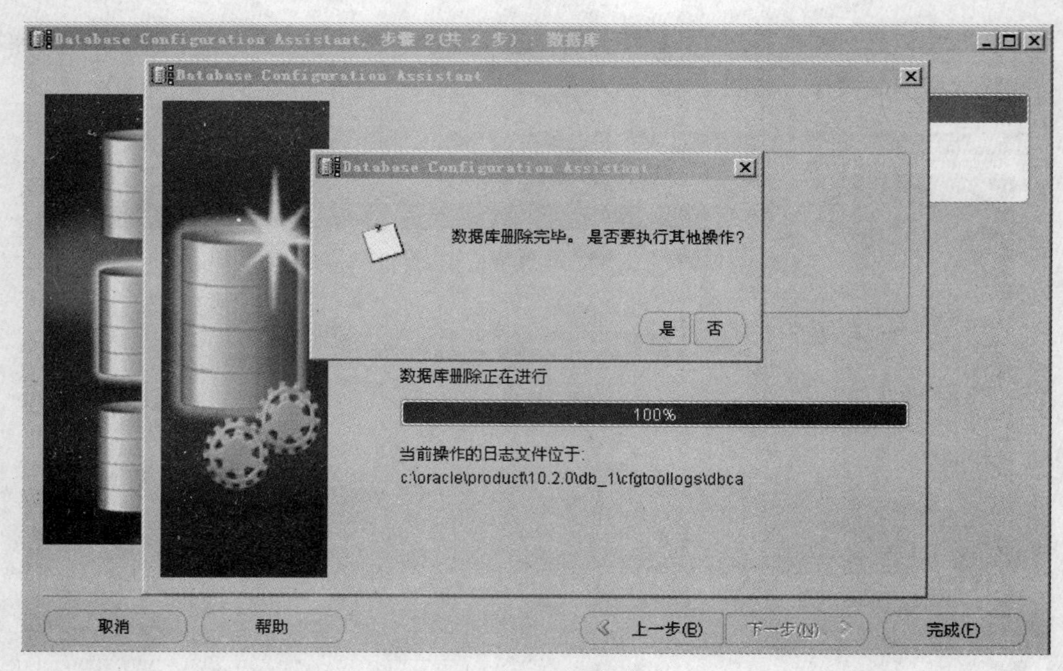

图 4—26　删除完毕

步骤 6　当数据库删除完毕后，单击“否”按钮完成本次数据库的删除操作，至此完成对数据库实例的删除。

第 2 节　数据表操作

学习单元 1　表空间管理

学习目标

➢熟悉使用企业管理器进行表空间管理

➢能够熟练运用 SQL 语句进行表空间管理

技能要求

一、使用企业管理器管理数据表空间

1. 管理表空间

通过 IE 浏览器进入到 Oracle Enterprise Manager（企业管理器），进入到管理界面，如图 4—27 所示。

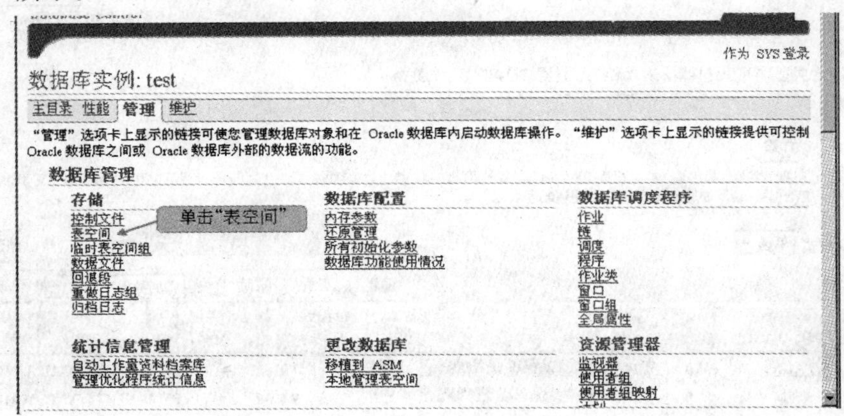

图 4—27　管理界面

单击表空间链接进入到表空间管理界面，如图 4—28 所示。

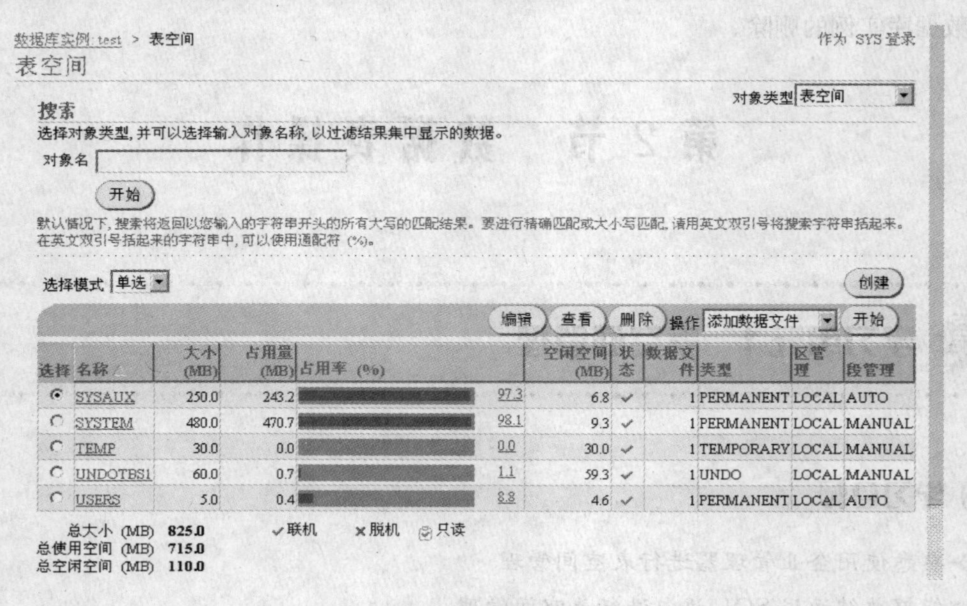

图 4—28　管理表空间

在表空间管理界面里可以查看当前所有的表空间，在该界面里能进行创建、修改和删除表空间的操作。

2. 创建表空间

从图 4—27 所示的管理界面内单击表空间链接后进入到表空间，如图 4—29 所示。

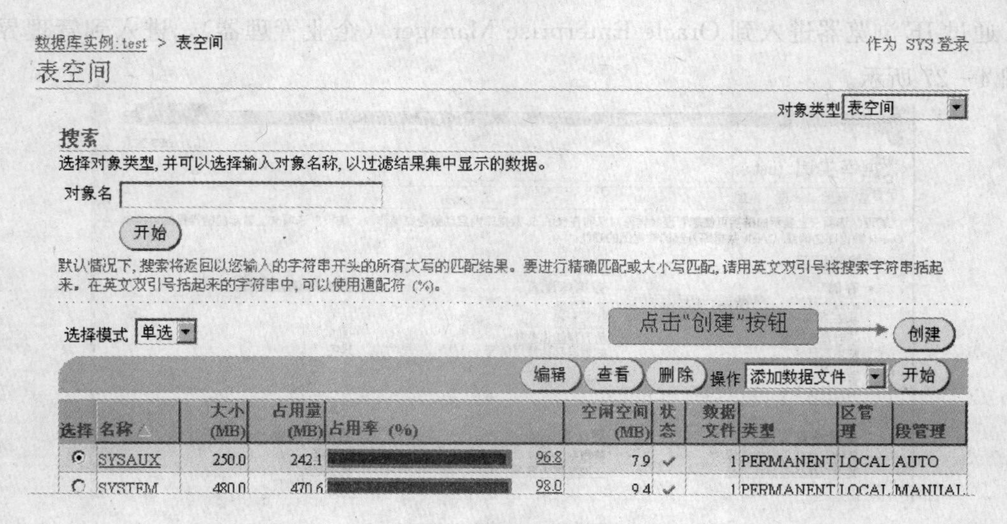

图 4—29　创建表空间

现在进行表空间的创建操作，单击“创建”按钮，进入到表空间创建界面，如图4—30所示。

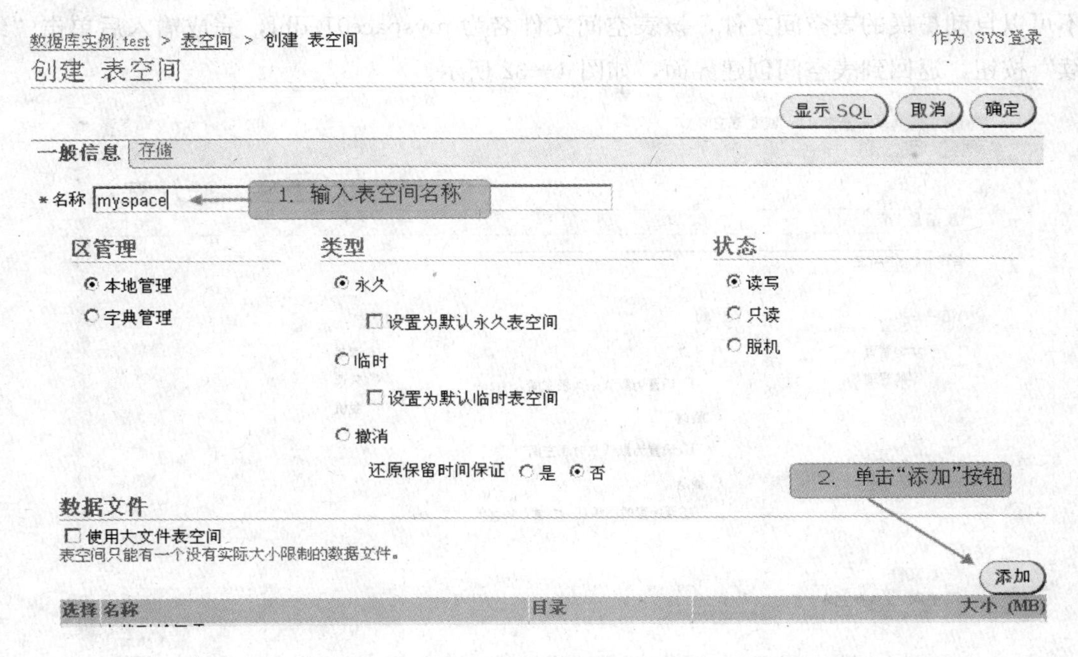

图 4—30　创建表空间

本次将创建一个表空间类型为永久的表空间，在创建表空间界面里，输入表空间的名称 myspace，完成输入后单击“添加”按钮，进行表空间数据文件添加操作界面，如图4—31 所示。

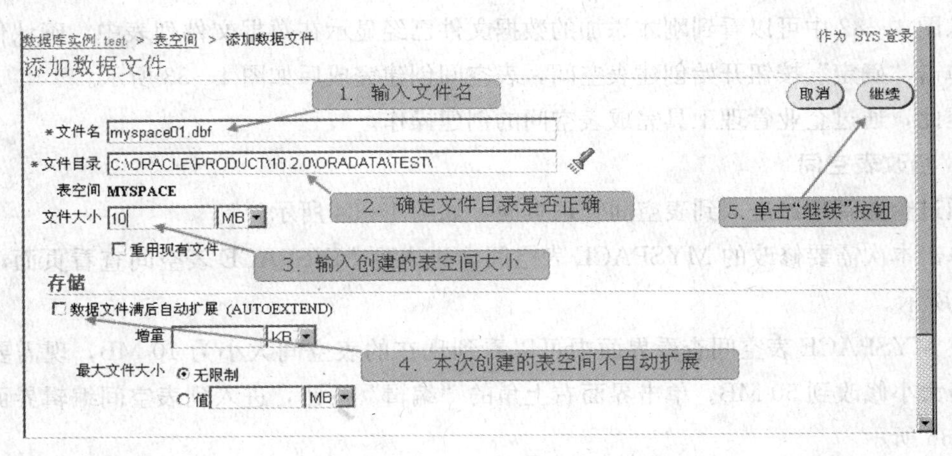

图 4—31　添加数据文件

在添加表空间文件界面里需要输入添加的数据文件名、数据文件所在的目录、该数据文件的大小以及数据文件是否可以自动扩展这 4 项，本次添加一个文件大小为 10 MB，且不可以自动扩展的表空间文件，该表空间文件名为 myspace01. dbf，完成输入后单击“继续”按钮，返回到表空间创建界面，如图 4—32 所示。

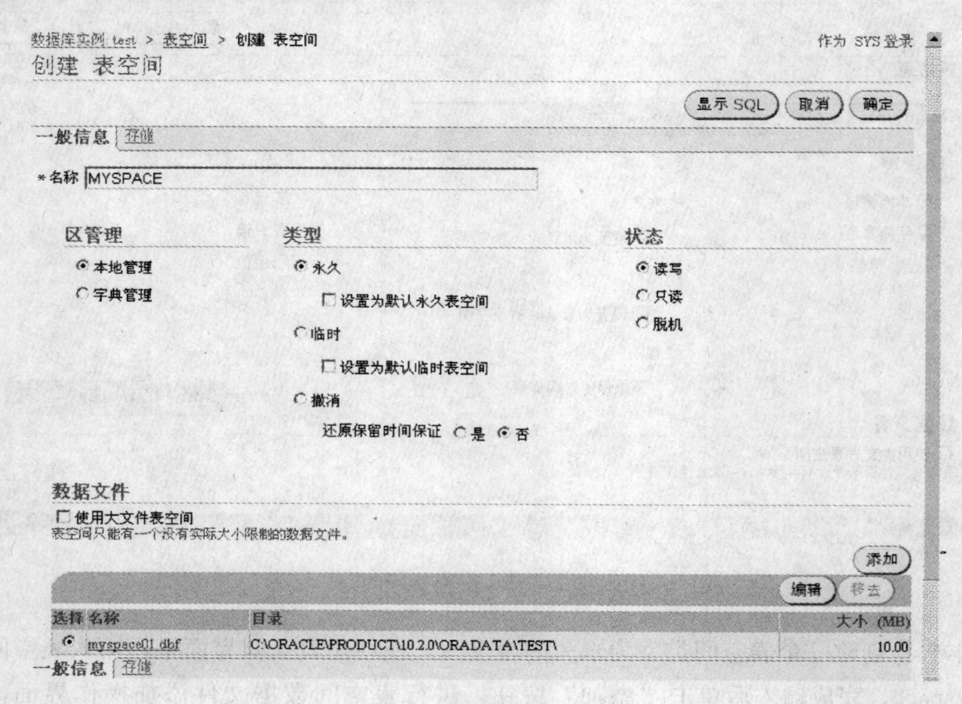

图 4—32 创建表空间

从图 4—32 中可以看到刚才添加的数据文件已经显示在数据文件列表中，确认信息正确后单击“确定”按钮开始创建表空间，表空间创建完成后如图 4—33 所示。

至此，通过企业管理工具完成表空间的创建操作。

3. 修改表空间

通过企业管理器进入到表空间管理页面，如图 4—34 所示。

单击本次需要修改的 MYSPACE 表空间，进入到 MYSPACE 表空间查看页面，如图 4—35 所示。

在 MYSPACE 表空间查看界面中可以看到现在的表空间大小为 10 MB，现需要将该表空间大小修改到 50 MB。单击界面右上角的“编辑”按钮，进入到表空间编辑界面，如图 4—36 所示。

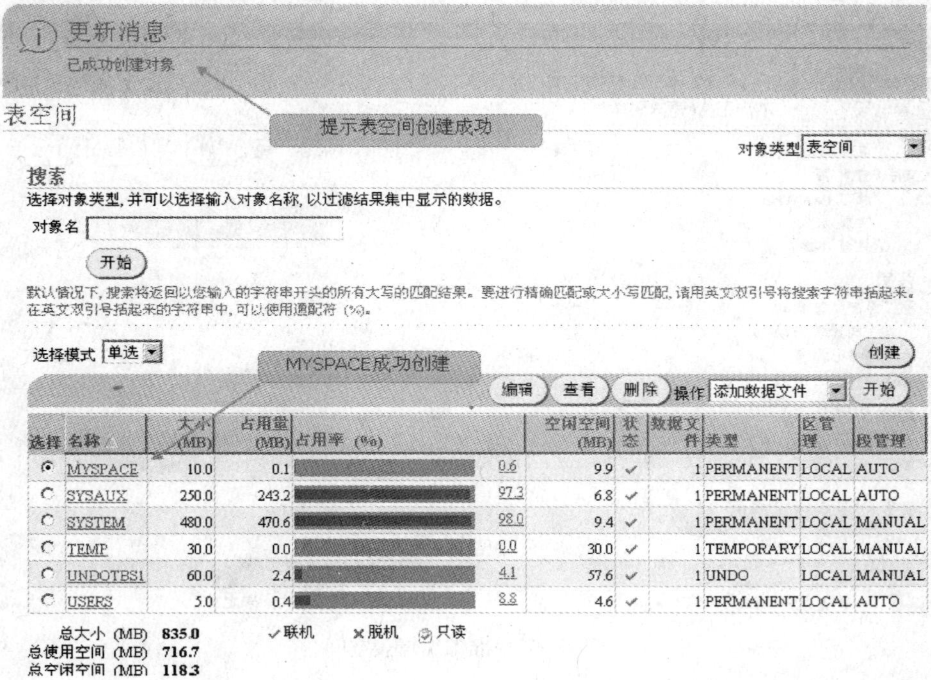

更新消息

已成功创建对象

提示表空间创建成功

表空间

对象类型 表空间

搜索

选择对象类型，并可以选择输入对象名称，以过滤结果集中显示的数据。

对象名

开始

默认情况下，搜索将返回以您输入的字符串开头的所有大写的匹配结果。要进行精确匹配或大小写匹配，请用英文双引号将搜索字符串括起来。在英文双引号括起来的字符串中，可以使用通配符（%）。

选择模式 单选 创建

MYSPACE成功创建

编辑 查看 删除 操作 添加数据文件 开始

选择	名称	大小(MB)	占用量(MB)	占用率(%)	空闲空间(MB)	状态	数据文件	类型	区管理	段管理
◉	MYSPACE	10.0	0.1	0.6	9.9	✓	1	PERMANENT	LOCAL	AUTO
○	SYSAUX	250.0	243.2	97.3	6.8	✓	1	PERMANENT	LOCAL	AUTO
○	SYSTEM	480.0	470.6	98.0	9.4	✓	1	PERMANENT	LOCAL	MANUAL
○	TEMP	30.0	0.0	0.0	30.0	✓	1	TEMPORARY	LOCAL	MANUAL
○	UNDOTBS1	60.0	2.4	4.1	57.6	✓	1	UNDO	LOCAL	MANUAL
○	USERS	5.0	0.4	8.8	4.6	✓	1	PERMANENT	LOCAL	AUTO

总大小 (MB) **835.0** ✓联机 ×脱机 只读

总使用空间 (MB) **716.7**

总空闲空间 (MB) **118.3**

图 4—33 完成表空间创建

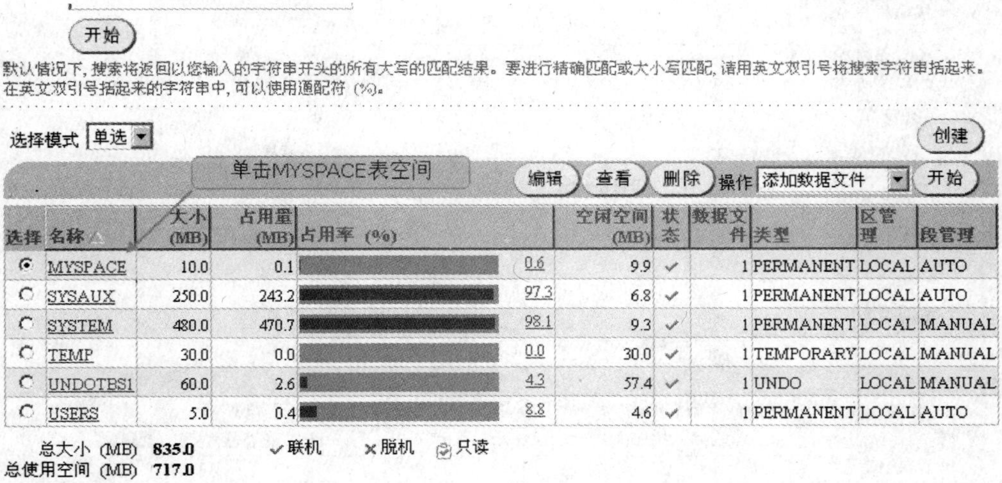

开始

默认情况下，搜索将返回以您输入的字符串开头的所有大写的匹配结果。要进行精确匹配或大小写匹配，请用英文双引号将搜索字符串括起来。在英文双引号括起来的字符串中，可以使用通配符（%）。

选择模式 单选 创建

单击MYSPACE表空间

编辑 查看 删除 操作 添加数据文件 开始

选择	名称	大小(MB)	占用量(MB)	占用率(%)	空闲空间(MB)	状态	数据文件	类型	区管理	段管理
◉	MYSPACE	10.0	0.1	0.6	9.9	✓	1	PERMANENT	LOCAL	AUTO
○	SYSAUX	250.0	243.2	97.3	6.8	✓	1	PERMANENT	LOCAL	AUTO
○	SYSTEM	480.0	470.7	98.1	9.3	✓	1	PERMANENT	LOCAL	MANUAL
○	TEMP	30.0	0.0	0.0	30.0	✓	1	TEMPORARY	LOCAL	MANUAL
○	UNDOTBS1	60.0	2.6	4.3	57.4	✓	1	UNDO	LOCAL	MANUAL
○	USERS	5.0	0.4	8.8	4.6	✓	1	PERMANENT	LOCAL	AUTO

总大小 (MB) **835.0** ✓联机 ×脱机 只读

总使用空间 (MB) **717.0**

图 4—34 管理表空间

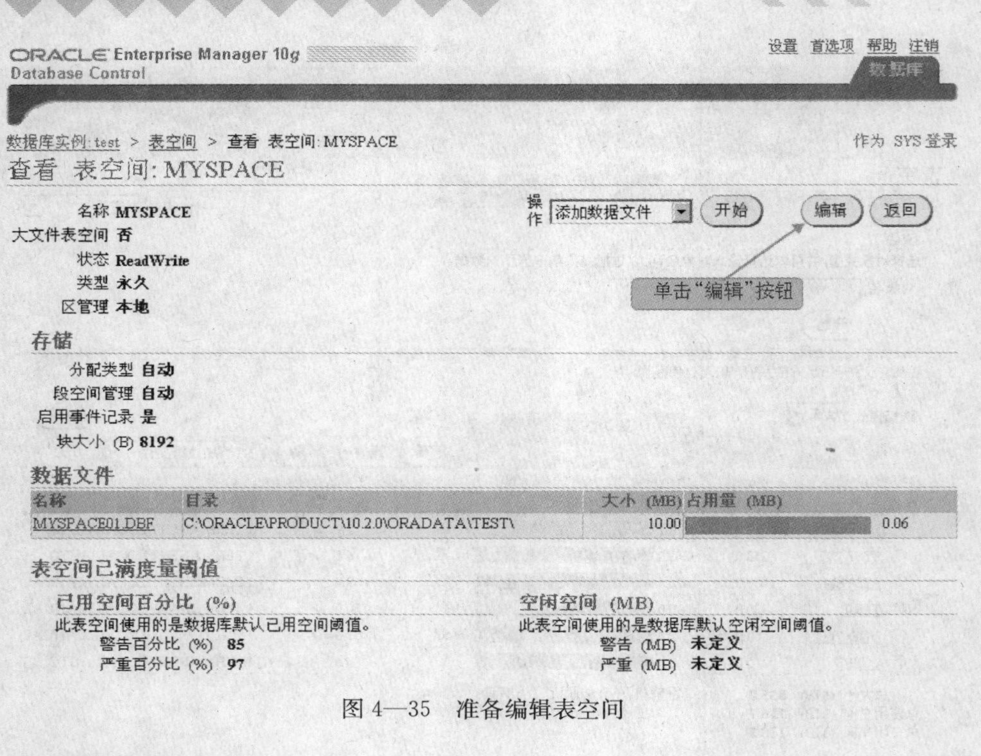

图4—35　准备编辑表空间

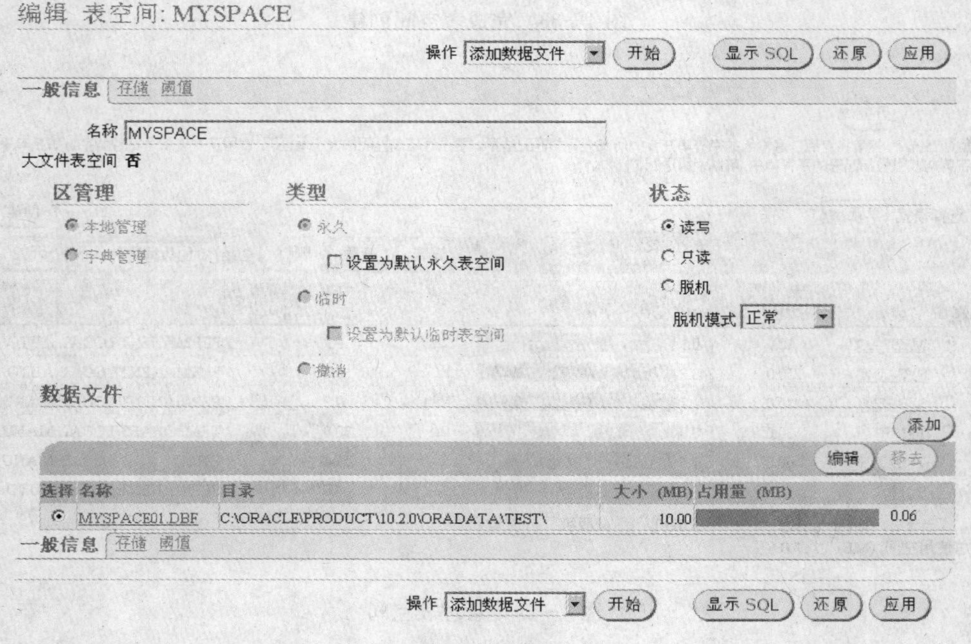

图4—36　编辑表空间

在表空间编辑状态下可以看到本表空间下所有已经存在的数据文件，增加表空间的方法有两个，一是找到已经有的表空间文件，将该数据文件增大；二是增加一个数据文件。本例中使用第一种方法，如图 4—37 所示。

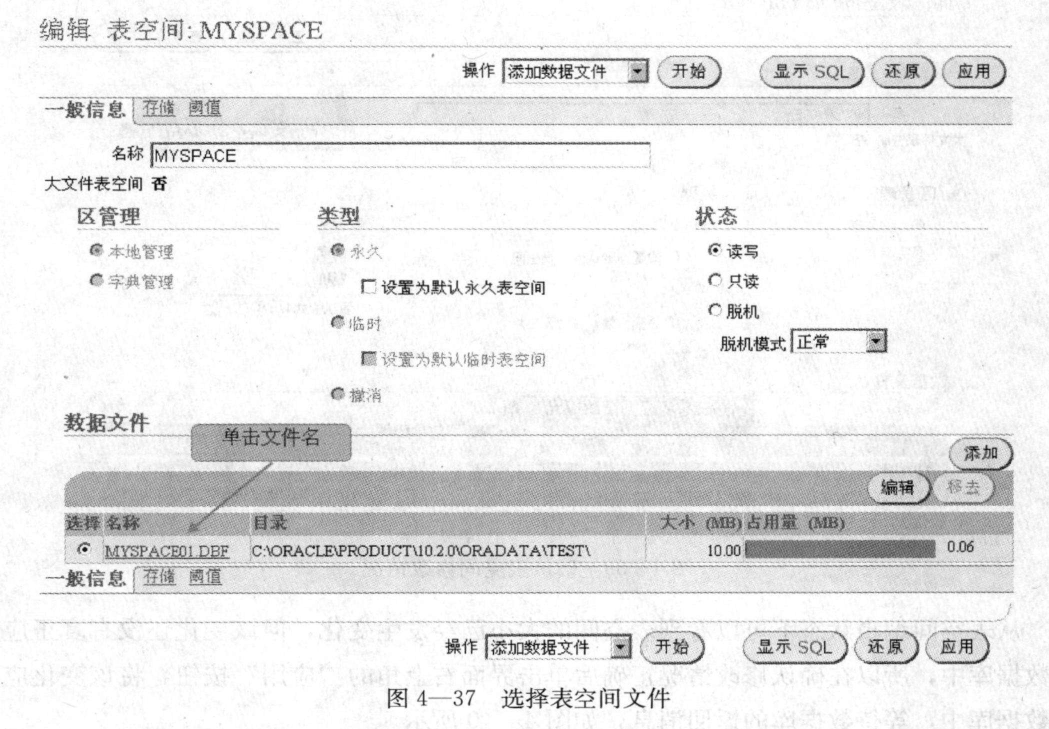

图 4—37 选择表空间文件

通过将 MYSPACE01. DBF 数据文件增加到 50 MB 的方法来增加表空间的容量。单击 MYSPACE01. DBF 数据文件，进入到数据文件编辑界面，如图 4—38 所示。

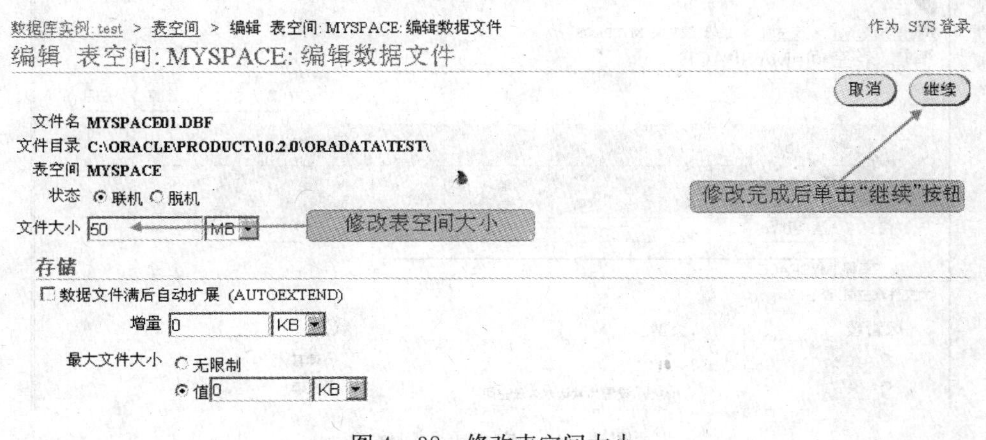

图 4—38 修改表空间大小

在编辑状态下将文件大小修改为 50 MB，确认后单击“继续”按钮返回到表空间编辑界面，如图 4—39 所示。

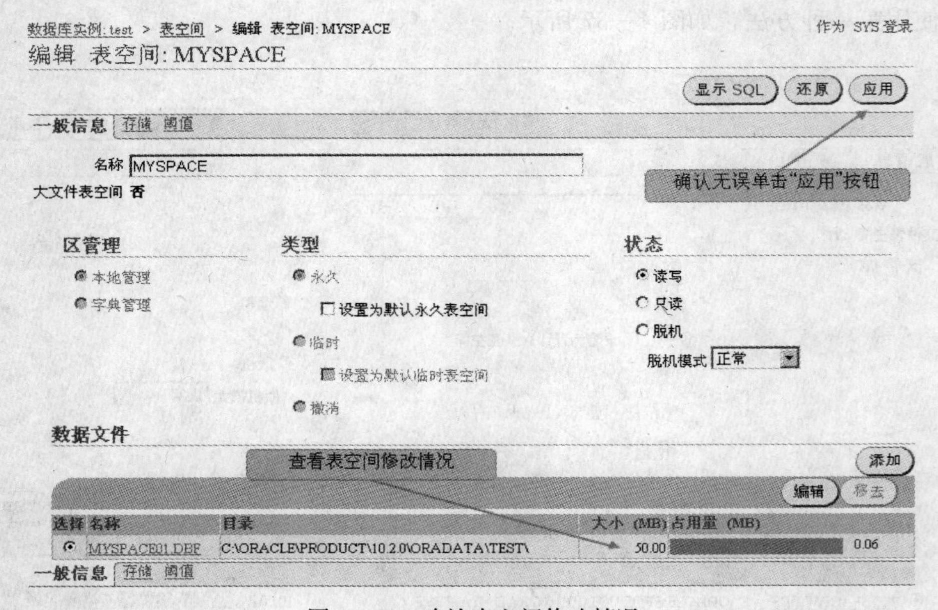

图 4—39　确认表空间修改情况

从表空间编辑状态下可以看到表空间的大小已经发生变化，但该变化还没有真正应用到数据库中，所以在确认修改情况正确后单击界面右上角的“应用”按钮，将该变化应用到数据库中，等待数据库的返回消息，如图 4—40 所示。

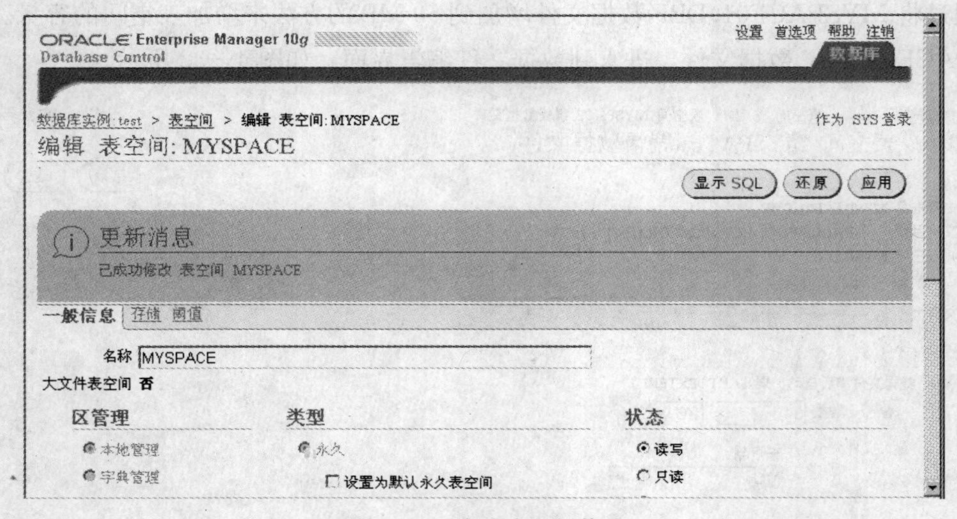

图 4—40　完成表空间修改

从图 4—40 上可以看到已经成功地将表空间大小修改到 50 MB，至此完成一次表空间的修改。

4. 删除表空间

进入企业管理器的表空间管理页面，如图 4—41 所示。

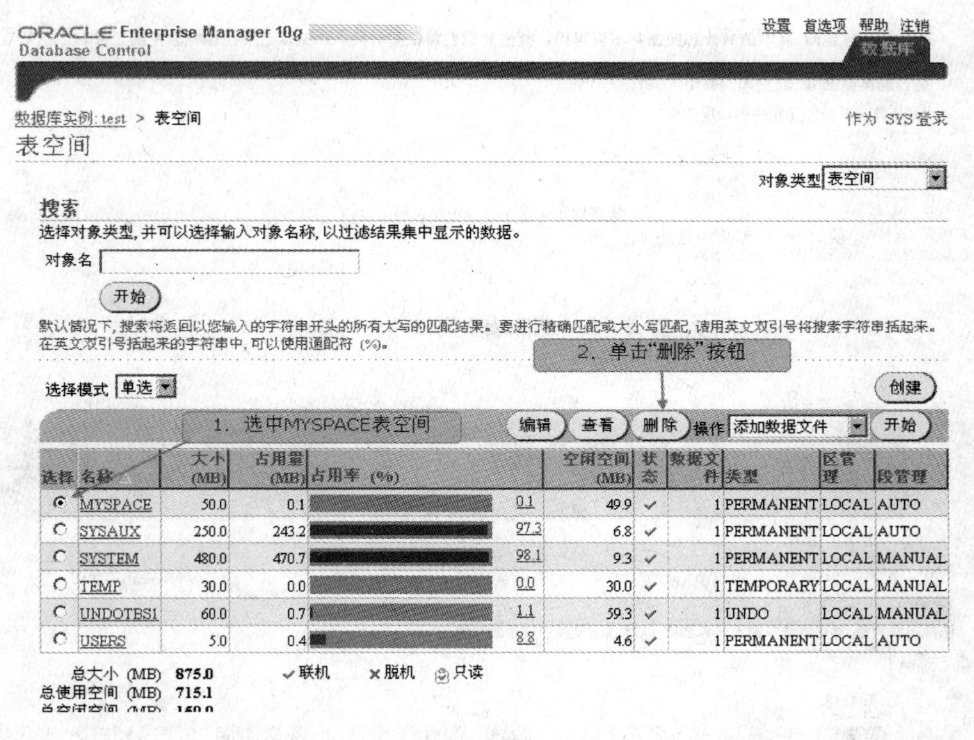

图 4—41 表空间删除

选择需要删除的表空间 MYSPACE，单击“删除”按钮，将会转到删除表空间的警告页面，如图 4—42 所示。

确认该表空间需要删除，单击“是”按钮，等待表空间删除完成。当完成删除后，企业管理器会返回表空间管理页面，并给出操作提示，如图 4—43 所示。

此时成功完成一次表空间的删除。

二、使用 SQL 语句管理数据表空间

1. 查询表空间情况

以 DBA 身份通过 SQLPLUS 登录到 Oracle 数据库实例中，对 v$ tablespace 动态性能视图进行查询，能查询出该数据库中可用的表空间。

ORACLE Enterprise Manager 10g
Database Control

设置 首选项 帮助 注销

数据库

⚠ 警告

否 是

表空间一旦删除，其中的对象和数据将不再可用。要恢复它们将极费时间。Oracle 建议在删除表空间之前和之后都要进行备份。

是否确实要删除 表空间 MYSPACE?

☑ 从操作系统删除相关的数据文件

否 是

数据库 | 设置 | 首选项 | 帮助 | 注销

版权所有 (c) 1996, 2005, Oracle。保留所有权利。

关于 Oracle Enterprise Manager 10g Database Control

图 4—42 删除表空间操作前的警告

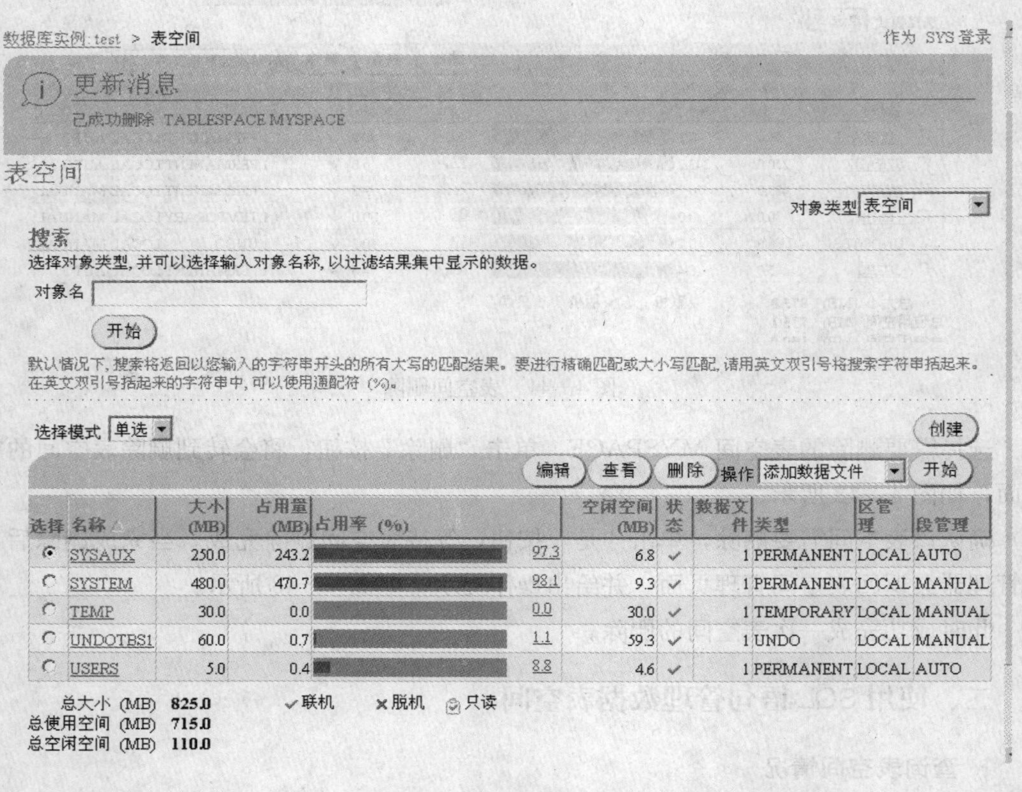

选择	名称	大小 (MB)	占用量 (MB)	占用率 (%)	空闲空间 (MB)	状态	数据文件	类型	区管理	段管理
◉	SYSAUX	250.0	243.2	97.3	6.8	✓	1	PERMANENT	LOCAL	AUTO
○	SYSTEM	480.0	470.7	98.1	9.3	✓	1	PERMANENT	LOCAL	MANUAL
○	TEMP	30.0	0.0	0.0	30.0	✓	1	TEMPORARY	LOCAL	MANUAL
○	UNDOTBS1	60.0	0.7	1.1	59.3	✓	1	UNDO	LOCAL	MANUAL
○	USERS	5.0	0.4	8.8	4.6	✓	1	PERMANENT	LOCAL	AUTO

图 4—43 完成表空间删除

```
SQL> select * from v$tablespace;

      TS# NAME                                          INC  BIG  FLA  ENC
--------------------------------------------------- ---- ---- ---- -----
        0 SYSTEM                                        YES NO YES
        1 UNDOTBS1                                      YES NO YES
        2 SYSAUX                                        YES NO YES
        4 USERS                                         YES NO YES
        3 TEMP                                          NO NO YES
```

通过使用 desc 命令查看 v$tablespace 表结构，结构如下所示：

```
SQL> desc v$tablespace
 名称                                                  是否为空？类型
 ----------------------------------------------------- ----------
 TS#                                                             NUMBER
 NAME                                                            VARCHAR2(30)
 INCLUDED_IN_DATABASE_BACKUP                                     VARCHAR2(3)
 BIGFILE                                                         VARCHAR2(3)
 FLASHBACK_ON                                                    VARCHAR2(3)
 ENCRYPT_IN_BACKUP                                               VARCHAR2(3)
```

还可以通过查看 dba_data_files 和 dba_free_space 获取永久表空间的使用情况，如表空间总容量、剩余空间大小等，SQL 语句如下：

```
select df.tablespace_name "TABLESPACE_NAME", totalspace "TOTALSPACE/M",
    freespace "FREESPACE/M", round((1 - freespace/totalspace) * 100, 2)
"USED%"
  from (select tablespace_name,round(sum(bytes)/1024/1024) totalspace
        from dba_data_files group by tablespace_name) df,
      (select tablespace_name,round(sum(bytes)/1024/1024) freespace
        from dba_free_space group by tablespace_name) fs
  where df.tablespace_name=fs.tablespace_name;
```

执行该 SQL 语句获取的表空间使用情况如下所示：

```
TABLESPACE_NAME               TOTALSPACE/M  FREESPACE/M    USED%
----------------------------  ------------  -----------  -------
UNDOTBS1                                60           11    81.67
SYSAUX                                 250            7     97.2
USERS                                    5            5        0
SYSTEM                                 480            9    98.13
```

2. 创建表空间

使用 CREATE TABLESPACE 命令进行表空间的创建，语法如下：

```
CREATE [UNDO] TABLESPACE tablespace_name
[DATAFILE datefile_spec1 [,datefile_spec2].....
[{ MININUM EXTENT integer [k|m]
| BLOCKSIZE integer [k]
|logging clause
|FORCE LOGGING
|DEFAULT{ data_segment_compression} storage_clause
|[online|offline]
|[PERMANENT|TEMPORARY]
|extent_manager_clause
|segment_manager_clause}]
```

语法说明如下：

(1) UNDO。说明系统将创建一个回滚表空间。当没有为系统指定回滚表空间时，系统将使用系统回滚段来进行事务管理。

(2) TABLESPACE。指定表空间的名称。

(3) DATAFILE datefile _ spec1。指出表空间包含哪些数据文件。

datefile _ spec1 形如 [' filename'] [SIZE integer [K | M]] [REUSE] [autoextend _ clause]

其中，filename 是数据文件的全路径名，SIZE 是文件的大小，REUSE 表示文件是否被重用。

autoextend _ clause 用来说明数据文件是否可以自动扩展相关属性。

例如，

AUTOEXTEND { OFF | ON [NEXT integer [K | M]] [maxsize _ clause]}

AUTOEXTEND 表明是否自动扩展，OFF | ON 表示自动扩展是否被关闭。

NEXT 表示数据文件满了以后扩展的大小。

maxsize _ clause 表示数据文件的最大大小。

例如，MAXSIZE { UNLIMITED | integer [K | M]}

UNLIMITED 表示无限的表空间，integer 是数据文件的最大大小。

(4) MININUM EXTENT integer [k | m]。指出在表空间中的最小值。这个参数可以减少空间碎片，保证在表空间里的使用范围是这个数值的整数倍。

(5) BLOCKSIZE integer [k]。这个参数可以设定一个不标准的块的大小。如果要设置这个参数，必须设置 db _ block _ size，至少一个 db _ nkblock _ size，并且声明的 integer 的值必须等于 db _ nkblock _ size。

注意：在临时表空间里不能设置这个参数。

(6) logging clause。这个子句声明这个表空间上所有的用户对象的日志属性（默认是 logging)，包括表、索引、分区、物化视图、物化视图上的索引及分区。

(7) FORCE LOGGING。使用这个子句指出表空间进入强制日志模式。此时，系统将记录表空间上对象的所有改变，除了临时段的改变。这个参数高于对象的 nologging 选项。

(8) DEFAULT storage _ clause。声明默认的存储子句。

(9) online | offline。改变表空间的状态。online 使表空间创建后立即有效，这是默认值；offline 使表空间创建后无效。

(10) PERMANENT | TEMPORARY。指出表空间的属性是永久表空间还是临时表空间。永久表空间存放的是永久对象，临时表空间存放的是 session 生命期中存在的临时对象。这个参数生成的临时表空间创建后一直都是字典管理，不能使用 extent management local 选项。如果要创建本地管理表空间，必须使用 create temporary tablespace。

(11) extent _ management _ clause。这是最重要的子句，说明了表空间如何管理范围。一旦声明了这个子句，只能通过移植的方式改变这些参数。

如果希望表空间本地管理的话，可以声明 local 选项。本地管理表空间是通过位图管理的。autoallocate 说明表空间自动分配范围，用户不能指定范围的大小。只有 Oracle 9i 以上的版本具有这个功能。uniform 说明表空间范围的固定大小，默认是 1 MB。Oracle 公司推荐使用本地管理表空间。

【例 4—1】 创建永久表空间

现创建一个名称为 myspace，大小为 10 MB 的永久表空间，该表空间存放目录为“C：\ ORACLE \ PRODUCT \ 10.2.0 \ ORADATA \ TEST”，详细 SQL 语句如下：

```
SQL> CREATE SMALLFILE TABLESPACE myspace
  DATAFILE 'C:\ORACLE\PRODUCT\10.2.0\ORADATA\TEST\myspace01.dbf'
  SIZE 10M;
```

通过该 SQL 语句成功通过 SQLPLUS 创建 myspace 永久表空间。

【例 4—2】 创建临时表空间

现创建一个名称为 mytemp，大小为 50 MB 的临时表空间，该表空间存放目录为“C:\ORACLE\PRODUCT\10.2.0\ORADATA\TEST”，详细 SQL 语句如下：

```
SQL> create temporary tablespace mytemp
tempfile 'C:\ORACLE\PRODUCT\10.2.0\ORADATA\TEST\mytemp01.dbf'
size 50M;
```

通过该 SQL 语句成功通过 SQLPLUS 创建 mytemp 临时表空间。

3. 修改表空间

使用 ALTER TABLESPACE 命令对表空间进行修改操作，语法如下：

```
ALTER TABLESPACE tablespace
  { DEFAULT [ table_compression ] storage_clause
  | MINIMUM EXTENT size_clause
  | RESIZE size_clause
  | COALESCE
  | RENAME TO new_tablespace_name
  |{ BEGIN | END} BACKUP
  | datafile_tempfile_clauses
  | tablespace_logging_clauses
  | tablespace_group_clause
  | tablespace_state_clauses
  | autoextend_clause
  | flashback_mode_clause
  | tablespace_retention_clause
} ;
```

语法说明如下：

(1) tablespace。指定表空间的名称。

(2) MINIMUM EXTENT。该语法只适用于字典表管理的永久表空间，允许对每一个表空间或自由空间扩展的最小空间大小。

(3) RESIZE。修改表空间的大小。

(4) COALESCE。为表空间中的数据文件接合所有连续的空闲空间，成为一个更大的连续范围。该子句必须单独指定。

(5) RENAME TO。重新命名表空间名字。

【例 4—3】 增加永久表空间数据文件

为 myspace 的表空间增加一个 50 MB 大小的数据文件，详细 SQL 语句如下：

```
SQL> ALTER TABLESPACE myspace
  ADD DATAFILE 'C:\ORACLE\PRODUCT\10.2.0\ORADATA\TEST\myspace02.dbf' SIZE 50M;

表空间已更改。
```

【例 4—4】 修改数据文件

通过使用 ALTER DATABASE DATAFILE 命令修改数据文件大小，例如，将 myspace 下的 MYSPACE01.DBF 文件大小由原来的 10 MB 修改为 50 MB，详细 SQL 语句如下：

```
SQL> ALTER DATABASE DATAFILE
'C:\ORACLE\PRODUCT\10.2.0\ORADATA\TEST\MYSPACE01.DBF'
 RESIZE 50M;

数据库已更改。
```

4. 删除表空间

在 SQLPLUS 命令交互模式下执行 DROP TABLESPACE 命令，删除表空间。例如，将 MYSPACE 表空间删除的详细 SQL 语句如下：

```
SQL> DROP TABLESPACE MYSPACE;

表空间已删除。
```

当该命令执行完毕后，系统提示表空间已经删除，即完成对 MYSPACE 表空间的删除操作，但是该表空间所使用的数据文件并没有从物理上删除，此时可以通过操作系统对该数据文件进行删除操作，或者在删除命令后加上“INCLUDING CONTENTS AND DATAFILES”子句，即能在删除表空间的同时删除数据文件。

学习单元 2　创建数据表

学习目标

➤熟悉使用企业管理器进行创建数据表操作

➤能够熟练运用 SQL 语句进行创建数据表操作

技能要求

一、使用企业管理器创建数据表

步骤 1　在企业管理器里进入管理界面，找到方案下的数据库对象，在数据库对象下找到表，如图 4—44 所示。

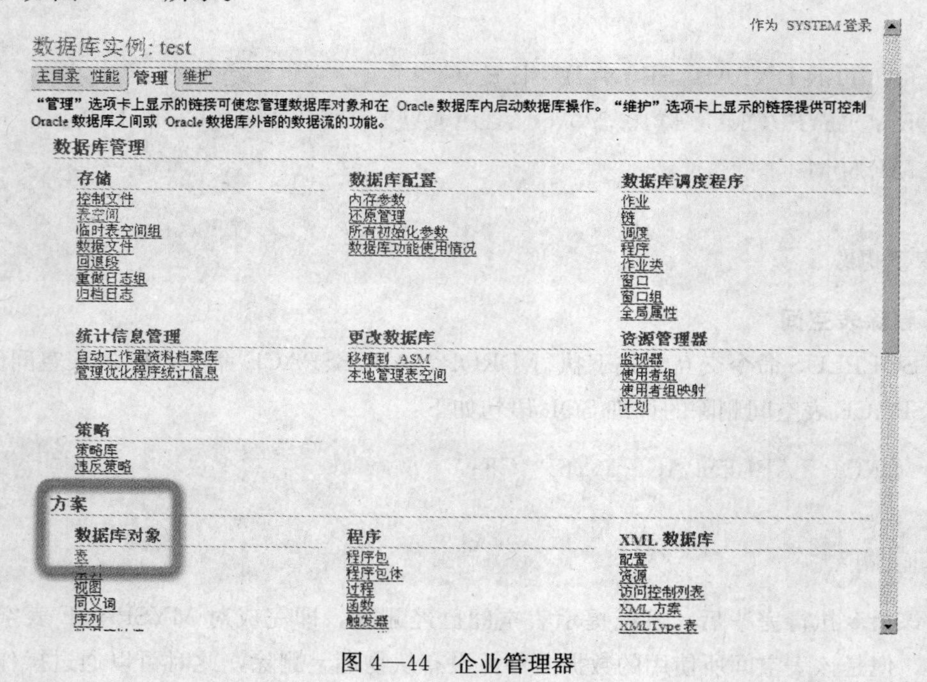

图 4—44　企业管理器

步骤 2　单击表链接，进入到表操作界面，如图 4—45 所示。

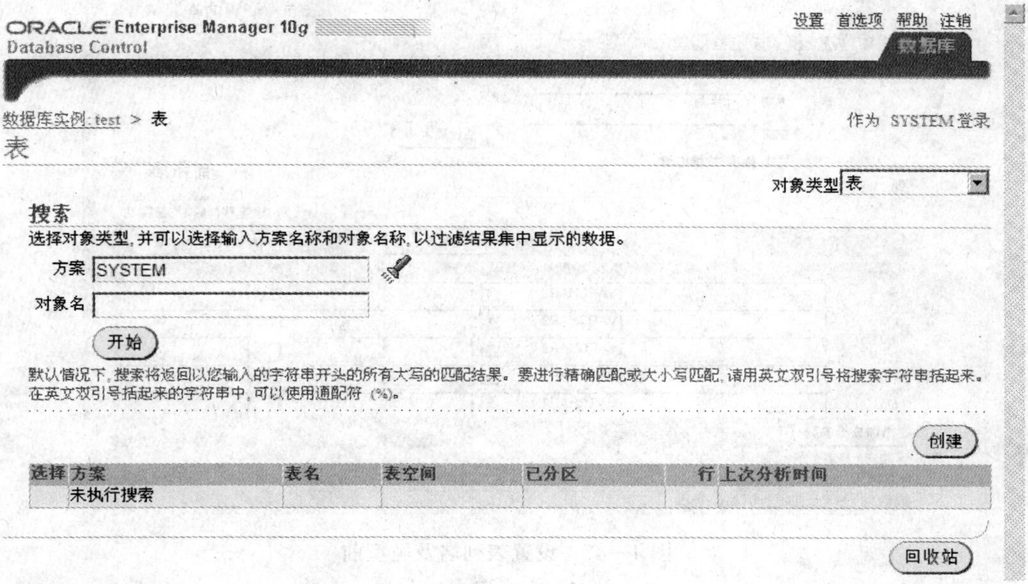

设置 首选项 帮助 注销
ORACLE Enterprise Manager 10g
Database Control
数据库
数据库实例: test > 表
作为 SYSTEM 登录
表
对象类型 表
搜索
选择对象类型, 并可以选择输入方案名称和对象名称, 以过滤结果集中显示的数据。
方案 SYSTEM
对象名
开始
默认情况下, 搜索将返回以您输入的字符串开头的所有大写的匹配结果。要进行精确匹配或大小写匹配, 请用英文双引号将搜索字符串括起来。
在英文双引号括起来的字符串中, 可以使用通配符 (%)。
创建

选择	方案	表名	表空间	已分区	行	上次分析时间
	未执行搜索					

回收站

图 4—45　创建表

步骤 3　单击“创建”按钮，进入到表创建界面，如图 4—46 所示。

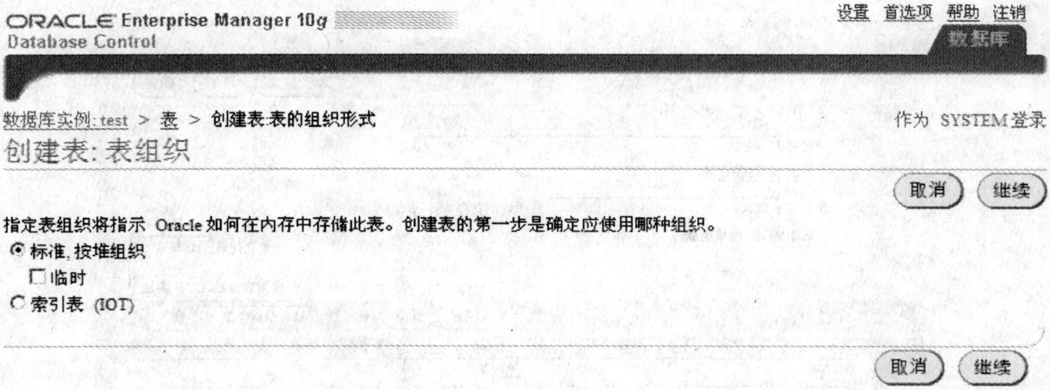

设置 首选项 帮助 注销
ORACLE Enterprise Manager 10g
Database Control
数据库
数据库实例: test > 表 > 创建表:表的组织形式
作为 SYSTEM 登录
创建表: 表组织
取消 继续
指定表组织将指示 Oracle 如何在内存中存储此表。创建表的第一步是确定应使用哪种组织。
⊙ 标准, 按堆组织
□ 临时
○ 索引表 (IOT)
取消 继续

图 4—46　选择表类型

步骤 4　本次将创建一张标准表，所以选择“标准，按堆组织”选项，单击“继续”按钮，进入到设置表列名和类型界面，如图 4—47 所示。

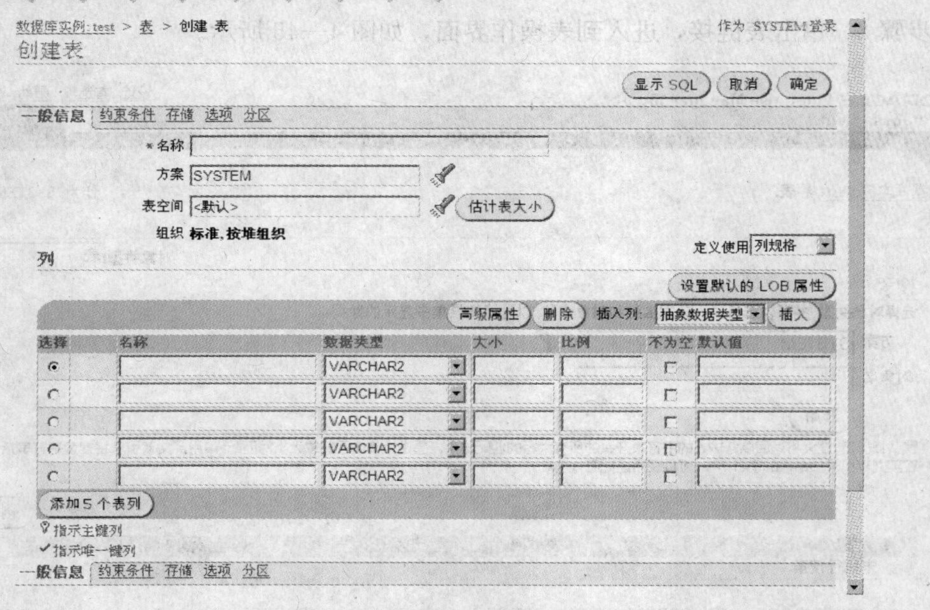

图 4—47　设置表列名及类型前

步骤 5　本次创建一张名为“T_ABC”的表，该表有两列，分别是“NAME”“ID”，该两列分别为 VARCHAR2（20）和 VARCHAR2（7）类型，将表的元素添加到创建表的界面内，如图 4—48 所示。

数据库实例: test > 表 > 创建 表　作为 SYSTEM 登录
创建表
显示 SQL　取消　确定
一般信息　约束条件　存储　选项　分区
*名称 T_ABC
方案 SYSTEM
表空间 <默认>　估计表大小
组织 标准, 按堆组织
定义使用 列规格
列
设置默认的 LOB 属性
高级属性　删除　插入列: 抽象数据类型　插入

选择	名称	数据类型	大小	比例	不为空	默认值
⊙	NAME	VARCHAR2	20		□	
○	ID	VARCHAR2	7		□	
○		VARCHAR2			□	
○		VARCHAR2			□	
○		VARCHAR2			□	

添加 5 个表列
指示主键列
指示唯一键列
一般信息　约束条件　存储　选项　分区

图 4—48　设置表列名及类型后

步骤 6　确认输入正确后单击界面右上角的“确定”按钮，企业管理器开始创建该表，等待表的创建结果，成功创建表的提示如图 4—49 所示。

图 4—49　完成表创建

至此成功通过企业管理器创建数据表。

二、使用 SQL 语句创建数据表

表是用于存放各类数据的载体，通过使用 CREATE TABLE 的 SQL 语句创建存储数据的表。进行表创建的用户需要具备“CREATE ANY TABLE”或“CREATE TABLE”的权限，且创建表的所在模式下需要具备使用表空间的权限，创建表的语句属于数据定义语言（DDL），创建语法如下：

```
CREATE TABLE [schema.]table_name
(
column_name datatype [DEFAULT expr]
[,…]
)
[TABLESPACE tablespace_name]
;
```

说明：

1. schema：是指该新创建的表储存在哪个模式或用户下，如果不使用，默认为当前的登录用户。

2. table _ name：是指创建表的名字。

3. column _ name：是指创建表的列名，一张表可以由一列或多列组成。

4. datatype：列的类型，如 VARCHAR2、NUMBER 等。

5. DEFAULT expr：指该列在插入（INSERT）数据时没有值将会使用的默认值。

6. tablespace _ name：创建的表将储存在指定的表空间里，如果不设置将默认为当前用户的默认表空间。

【例4—5】 创建一张名为“T _ ABC”的表，该表有两列，分别是“NAME”“ID”，该两列分别为VARCHAR2（20）和NUMBER（7）类型，创建该表的SQL语句如下：

```
SQL> CREATE TABLE T_ABC (NAME VARCHAR2(20), ID VARCHAR2(7));


表已创建。
```

这样就成功通过SQL语句创建了表T _ ABC。

学习单元3 修改数据表

学习目标

➢熟悉使用企业管理器进行修改数据表操作

➢能够熟练运用SQL语句进行修改数据表操作

技能要求

一、使用企业管理器修改数据表

步骤1 进入到企业管理器中的表管理界面，可以通过该界面的搜索功能进行表查询，如图4—50所示。

步骤2 现在需要对表t _ abc增加列，首先要先查询到表t _ abc，所以在搜索界面内的对象名里输入t _ abc并单击“开始”按钮，如图4—51所示。

步骤3 查询完毕后列出相关的表，如图4—52所示。

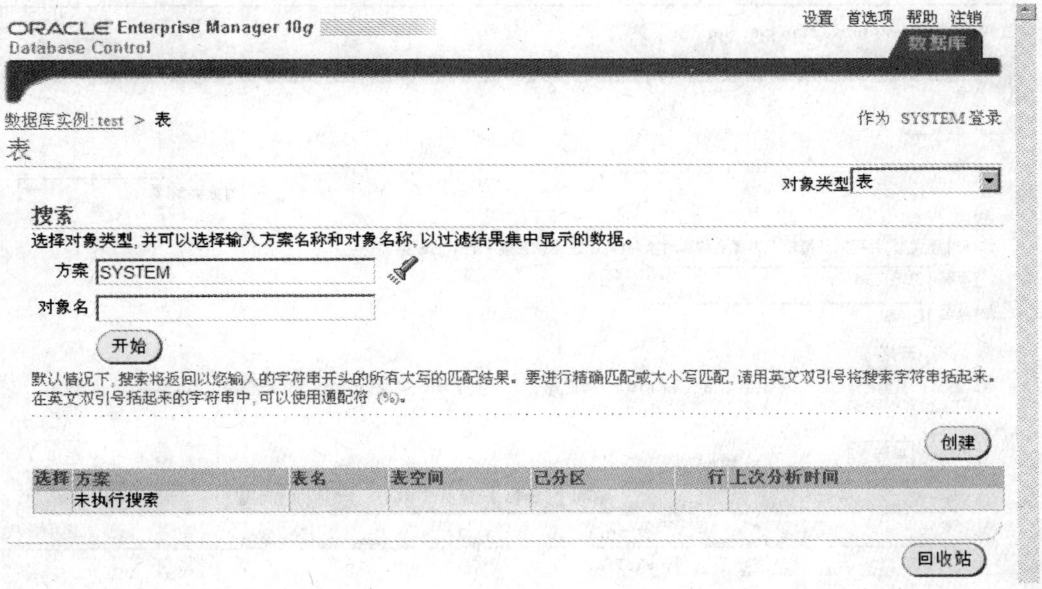

ORACLE Enterprise Manager 10g
Database Control

设置 首选项 帮助 注销
数据库

数据库实例: test > 表
作为 SYSTEM 登录

表

对象类型 表

搜索
选择对象类型, 并可以选择输入方案名称和对象名称, 以过滤结果集中显示的数据。

方案 SYSTEM
对象名

开始

默认情况下, 搜索将返回以您输入的字符串开头的所有大写的匹配结果。要进行精确匹配或大小写匹配, 请用英文双引号将搜索字符串括起来。在英文双引号括起来的字符串中, 可以使用通配符 (%)。

创建

选择	方案	表名	表空间	已分区	行	上次分析时间
	未执行搜索					

回收站

图 4—50 表管理

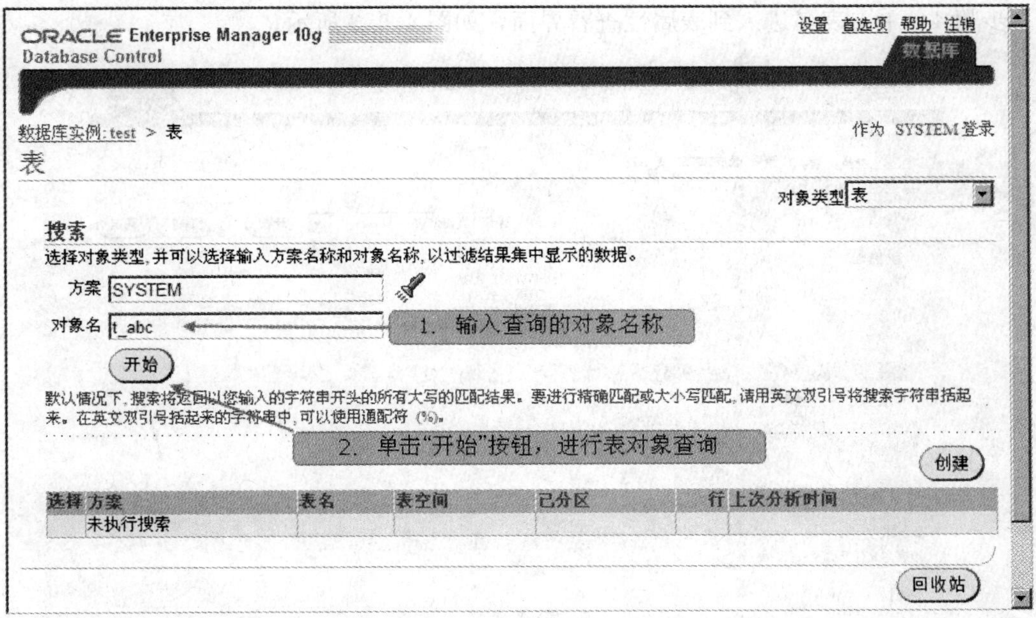

ORACLE Enterprise Manager 10g
Database Control

设置 首选项 帮助 注销
数据库

数据库实例: test > 表
作为 SYSTEM 登录

表

对象类型 表

搜索
选择对象类型, 并可以选择输入方案名称和对象名称, 以过滤结果集中显示的数据。

方案 SYSTEM
对象名 t_abc

1. 输入查询的对象名称

开始

默认情况下, 搜索将返回以您输入的字符串开头的所有大写的匹配结果。要进行精确匹配或大小写匹配, 请用英文双引号将搜索字符串括起来。在英文双引号括起来的字符串中, 可以使用通配符 (%)。

2. 单击"开始"按钮，进行表对象查询

创建

选择	方案	表名	表空间	已分区	行	上次分析时间
	未执行搜索					

回收站

图 4—51 表查询

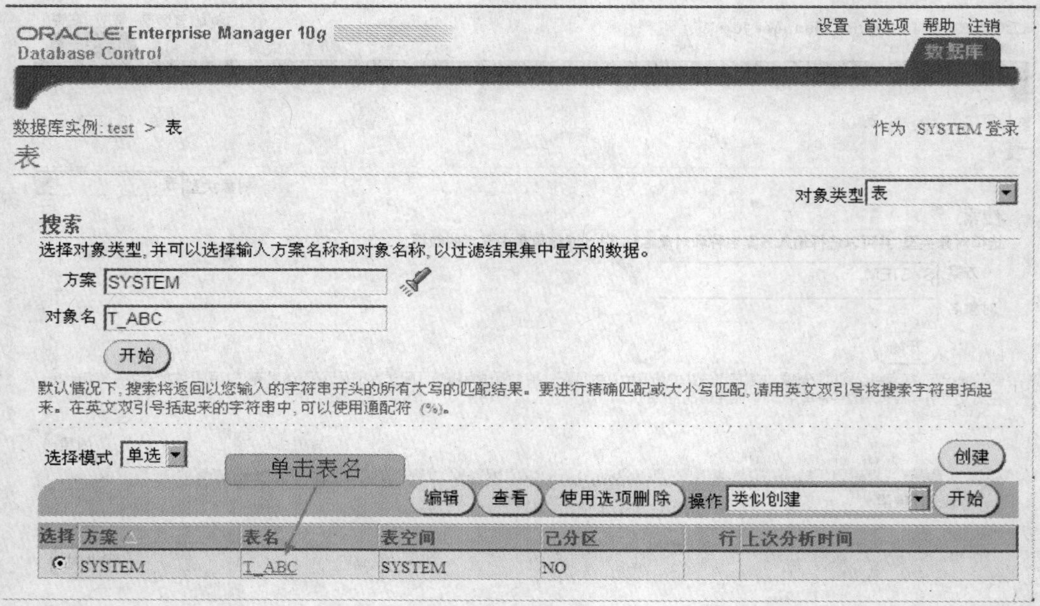

ORACLE Enterprise Manager 10g
Database Control

设置 首选项 帮助 注销

数据库

数据库实例: test > 表

作为 SYSTEM 登录

表

对象类型 表

搜索

选择对象类型, 并可以选择输入方案名称和对象名称, 以过滤结果集中显示的数据。

方案 SYSTEM

对象名 T_ABC

开始

默认情况下, 搜索将返回以您输入的字符串开头的所有大写的匹配结果。要进行精确匹配或大小写匹配, 请用英文双引号将搜索字符串括起来。在英文双引号括起来的字符串中, 可以使用通配符 (%)。

选择模式 单选

单击表名

创建

编辑 查看 使用选项删除 操作 类似创建 开始

选择	方案	表名	表空间	已分区	行	上次分析时间
⊙	SYSTEM	T_ABC	SYSTEM	NO		

图 4—52 选择表

步骤 4 单击表名进入到表属性查看界面，如图 4—53 所示。

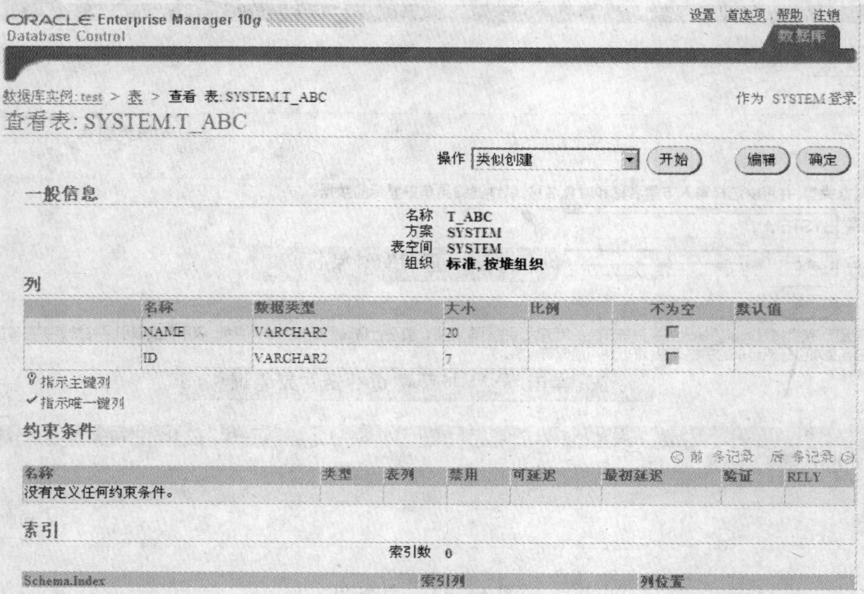

ORACLE Enterprise Manager 10g
Database Control

设置 首选项 帮助 注销

数据库

数据库实例: test > 表 > 查看 表: SYSTEM.T_ABC

作为 SYSTEM 登录

查看表: SYSTEM.T_ABC

操作 类似创建 开始 编辑 确定

一般信息

名称 T_ABC
方案 SYSTEM
表空间 SYSTEM
组织 标准, 按堆组织

列

	名称	数据类型	大小	比例	不为空	默认值
	NAME	VARCHAR2	20		☐	
	ID	VARCHAR2	7		☐	

指示主键列
✓ 指示唯一键列

约束条件

前 条记录 后 条记录

名称	类型	表列	禁用	可延迟	最初延迟	验证	RELY
没有定义任何约束条件。							

索引

索引数 0

Schema.Index	索引列	列位置

图 4—53 表信息

步骤 5　单击界面右上角的“编辑”按钮，进入到表编辑状态，如图 4—54 所示。

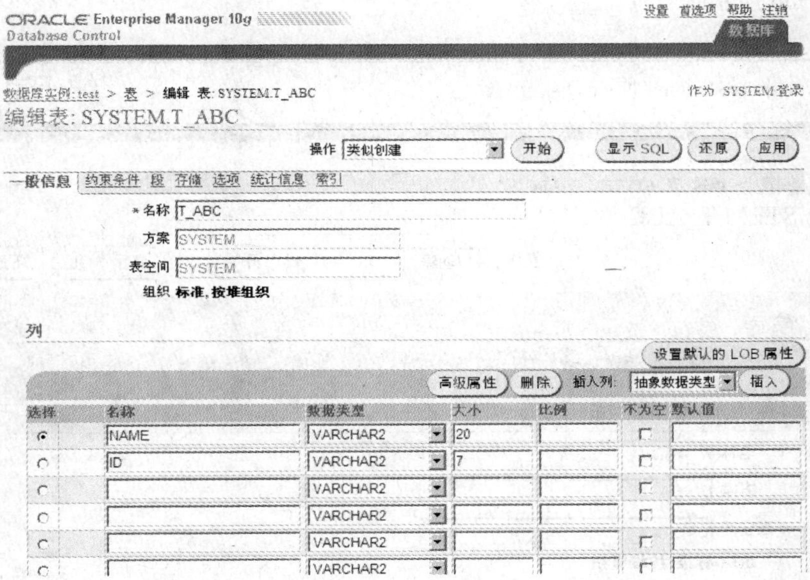

ORACLE Enterprise Manager 10g
Database Control

设置　首选项　帮助　注销
数据库

数据库实例: test > 表 > 编辑 表: SYSTEM.T_ABC　　作为 SYSTEM 登录

编辑表: SYSTEM.T_ABC

操作 类似创建　开始　显示 SQL　还原　应用

一般信息 | 约束条件 段 存储 选项 统计信息 索引

* 名称 T_ABC
方案 SYSTEM
表空间 SYSTEM
组织 标准, 按堆组织

列

设置默认的 LOB 属性

高级属性　删除　插入列: 抽象数据类型　插入

选择	名称	数据类型	大小	比例	不为空	默认值
⊙	NAME	VARCHAR2	20		☐	
○	ID	VARCHAR2	7		☐	
○		VARCHAR2			☐	
○		VARCHAR2			☐	
○		VARCHAR2			☐	
○		VARCHAR2			☐	

图 4—54　表信息修改前

步骤 6　在编辑状态下输入增加的列名及列类型，本次增加的列名为 VALUE，类型为 NUMBER（10，2），如图 4—55 所示。

ORACLE Enterprise Manager 10g
Database Control

设置　首选项　帮助　注销
数据库

数据库实例: test > 表 > 编辑 表: SYSTEM.T_ABC　　作为 SYSTEM 登录

编辑表: SYSTEM.T_ABC

操作 类似创建　开始　显示 SQL　还原　应用

一般信息 | 约束条件 段 存储 选项 统计信息 索引

* 名称 T_ABC
方案 SYSTEM
表空间 SYSTEM
组织 标准, 按堆组织

列

设置默认的 LOB 属性

高级属性　删除　插入列: 抽象数据类型　插入

选择	名称	数据类型	大小	比例	不为空	默认值
⊙	NAME	VARCHAR2	20		☐	
○	ID	VARCHAR2	7		☐	
○	VALUE	NUMBER	10	2	☐	
○		VARCHAR2			☐	
○		VARCHAR2			☐	
○		VARCHAR2			☐	

图 4—55　表信息修改后

步骤 7　确认输入正确单击界面右上角的“应用”按钮，等待表修改的完成，完成修改后如图 4—56 所示。

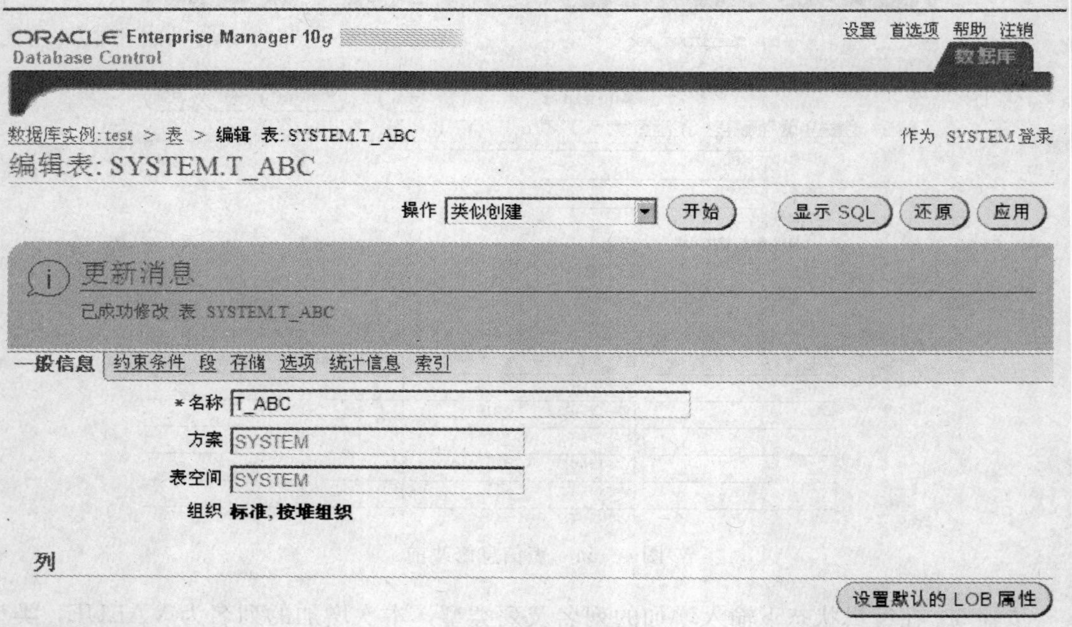

ORACLE Enterprise Manager 10g
Database Control
设置　首选项　帮助　注销
数据库
数据库实例: test > 表 > 编辑 表: SYSTEM.T_ABC　　作为 SYSTEM 登录
编辑表: SYSTEM.T_ABC
操作 类似创建　开始　显示 SQL　还原　应用
更新消息
已成功修改 表 SYSTEM.T_ABC
一般信息　约束条件　段　存储　选项　统计信息　索引
* 名称 T_ABC
方案 SYSTEM
表空间 SYSTEM
组织 标准, 按堆组织
列
设置默认的 LOB 属性

图 4—56　表修改成功

至此完成对 T_ABC 表进行修改的操作。

二、使用 SQL 语句修改数据表

在 SQLPLUS 下通过 ALTER TABLE 语句对表进行修改操作。

【例 4—6】　对表 T_ABC 进行列新增操作，为该表增加一列，列名为 VALUE，列类型为 NUMBER（10，2），详细语法如下：

```
SQL> ALTER TABLE T_ABC ADD (VALUE NUMBER(10, 2));
```

修改完成后，可以通过 DESC 语句查看表的修改情况。

学习单元 4　删除数据表

学习目标

➤熟悉使用企业管理器进行删除数据表的操作

➤能够熟练运用 SQL 语句进行删除数据表操作

技能要求

一、使用企业管理器删除数据表

步骤 1　进入到企业管理器中的表管理界面，可以通过该页面的搜索功能进行表查询，如图 4—57 所示。

ORACLE Enterprise Manager 10g
Database Control
设置 首选项 帮助 注销
数据库
数据库实例: test > 表
作为 SYSTEM 登录
表
对象类型 表
搜索
选择对象类型, 并可以选择输入方案名称和对象名称, 以过滤结果集中显示的数据。
方案 SYSTEM
对象名
开始
默认情况下, 搜索将返回以您输入的字符串开头的所有大写的匹配结果。要进行精确匹配或大小写匹配, 请用英文双引号将搜索字符串括起来。在英文双引号括起来的字符串中, 可以使用通配符 (%)。
创建

选择	方案	表名	表空间	已分区	行	上次分析时间
	未执行搜索					

回收站

图 4—57　表管理

步骤 2　现在需要为表 t _ abc 增加列，首先要先查询到表 t _ abc，所以在搜索页面内的对象名里输入 t _ abc 并单击“开始”按钮，进行表对象查询，如图 4—58 所示。

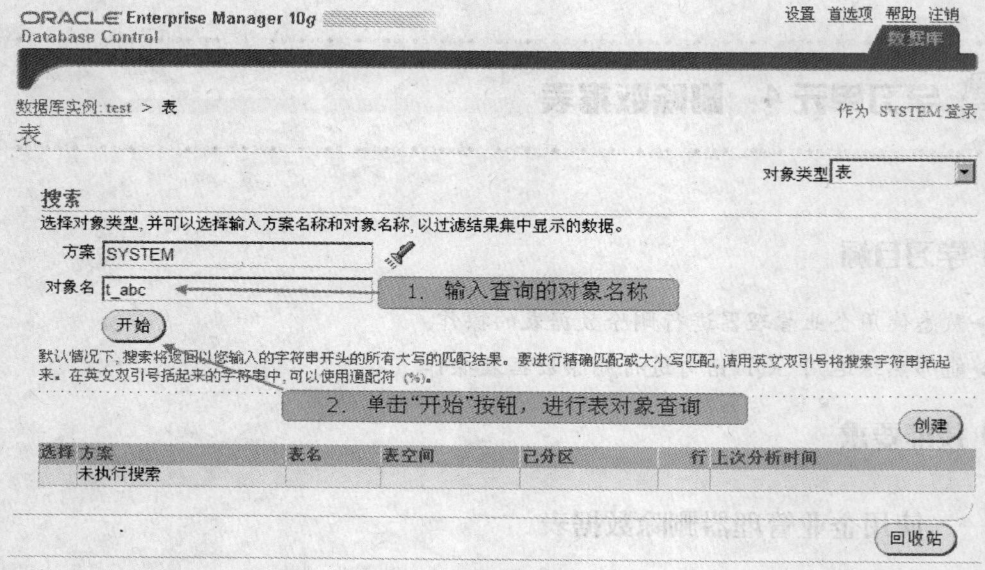

图 4—58 查询表

查询完毕后列出相关的表，如图 4—59 所示。

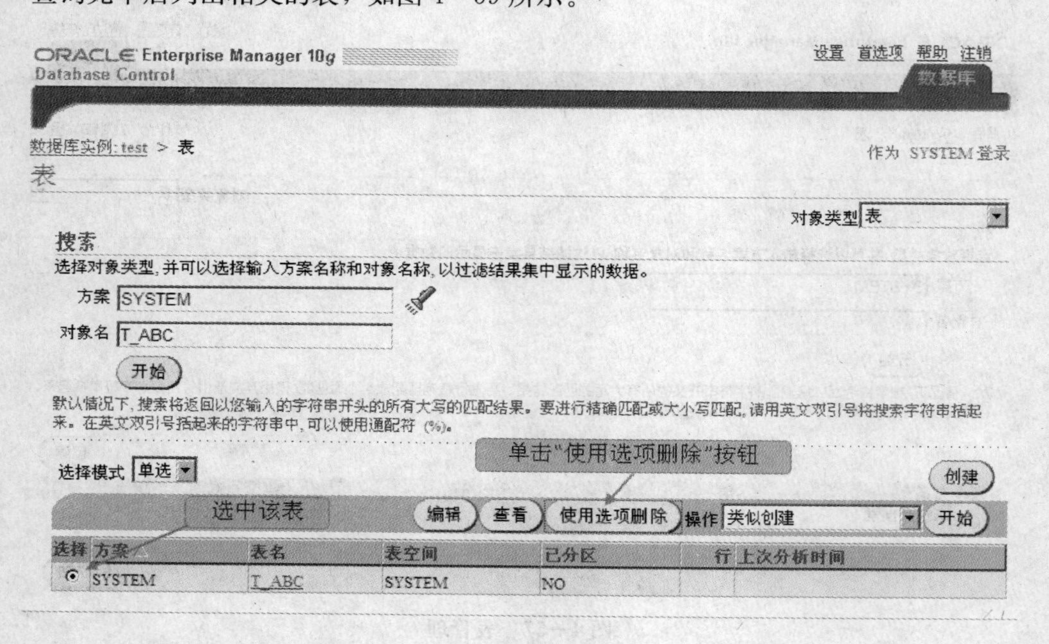

图 4—59 选择表

步骤 3 选中 t _ abc 表并单击“使用选项删除”按钮，进入到使用选项删除界面，如

图 4—60 所示。

ORACLE Enterprise Manager 10g
Database Control

设置 首选项 帮助 注销
数据库

使用选项删除

显示 SQL　取消　是

◉ 删除表定义，其中所有数据和从属对象 (DROP)
已删除从属索引和触发器。所有相关视图，PL/SQL 程序单元以及同义词均变为无效。
☑ 删除所有引用完整性约束条件 (CASCADE CONTRAINTS)

○ 仅删除数据 (DELETE)

○ 仅删除不支持回退的数据 (TRUNCATE)
更有效，但以后将无法回退数据。

是否确实要删除 表 SYSTEM.T_ABC?

显示 SQL　取消　是

数据库 | 设置 | 首选项 | 帮助 | 注销

版权所有 (c) 1996, 2005, Oracle。保留所有权利。
关于 Oracle Enterprise Manager 10g Database Control

图 4—60　选择删除操作

步骤 4　本次操作是将 t _ abc 表完全删除，故选择“删除表定义，其中所有数据和从属对象”选项，并单击“是”按钮，完成删除表的操作，删除成功后如图 4—61 所示。

ORACLE Enterprise Manager 10g
Database Control

设置 首选项 帮助 注销
数据库

数据库实例: test > 表　　作为 SYSTEM 登录

更新消息
已成功删除 表 SYSTEM.T_ABC

表

对象类型 表

搜索
选择对象类型，并可以选择输入方案名称和对象名称，以过滤结果集中显示的数据。

方案 SYSTEM

对象名 T_ABC

开始

默认情况下，搜索将返回以您输入的字符串开头的所有大写的匹配结果。要进行精确匹配或大小写匹配，请用英文双引号将搜索字符串括起来。在英文双引号括起来的字符串中，可以使用通配符 (%)。

图 4—61　成功删除表

至此通过企业管理器完成对表的删除操作。

二、使用 SQL 语句删除数据表

在 SQLPLUS 下通过 DROP TABLE 语句对表进行删除操作。

例如，对表 T _ ABC 进行删除操作，详细语法如下：

```
SQL> DROP TABLE T_ABC;
```

至此，通过 SQL 语句完成对表的删除操作。

第 3 节　权限管理

学习单元 1　系统权限的管理

学习目标

➢掌握常用的系统权限

➢掌握系统权限的授予及回收方法

➢掌握查询用户具有的系统权限的方法

知识要求

一、系统权限

系统权限是指执行特定类型 SQL 命令的权限，它用于控制用户可执行的一个或一类数据库操作。Oracle 数据库大概包括 100 多种系统权限。以下列出了常用的系统权限。

常用 Oracle 系统权限见表 4—1。

另外，Oracle 数据库包含了一类 ANY 系统权限，当用户具有该类权限时，可以在任何模式中执行相应的操作。

表 4—1　　常用 Oracle 系统权限

权限	说明
Create any cluster	为用户创建任意簇的权限
Create any index	为用户创建任意索引的权限
Create any procedure	为用户创建任意存储过程的权限
Create any sequence	为用户创建任意序列的权限
Create any snapshot	为用户创建任意快照的权限
Create any synonym	为用户创建任意同义词的权限
Create any table	为用户创建任意表的权限
Create any trigger	为用户创建任意触发器的权限
Create any view	为用户创建任意视图的权限
Create cluster	为用户创建簇的权限
Create database link	为用户创建数据链路的权限
Create procedure	为用户创建存储过程的权限
Create profile	为用户创建资源限制简表的权限
Create public database link	为用户创建公共数据库链路的权限
Create public synonym	为用户创建公共同义词的权限
Create role	为用户创建角色的权限
Create rollback segment	为用户创建回滚段的权限
Create session	为用户创建会话的权限
Create sequence	为用户创建序列的权限
Create snapshot	为用户创建快照的权限
Create synonym	为用户创建同义词的权限
Create table	为用户创建表的权限
Create tablespace	为用户创建表空间的权限
Create user	为用户创建用户的权限
Create view	为用户创建视图的权限

例如，如果用户具有 CREATE ANY TABLE 系统权限，那么该用户可以查询任何表的数据。为了保护数据字典的基本安全，即使用户具备了 ANY 系统权限，也不应该访问数据库字典基表。

注：没有 CREATE INDEX 系统权限。当用户具有 CREATE TABLE 系统权限时，

自动在相应的表上具有 CREATE INDEX 系统权限。

二、授予系统权限

建立用户的目的是使用户可以执行一些特定的操作，完成特定的任务。但初始用户没有任何权限，不能执行任何操作，甚至不能登录数据库。如果不具备 CREATE SESSION 的系统权限，那么该用户将无法连接到数据库。为了使用户能够执行特定的操作，必须将系统权限授予给用户。一般情况下，系统权限是使用 GRANT 命令，由 DBA 用户来完成的。

给用户授予系统权限的语法如下：

```
grant 系统权限列表(多个系统权限之间用“,”分隔) to 用户
```

下面 SQL 语句为给用户授予系统权限：

```
sqlplus system/manager@test
SQL>grant create session，create table to test;
```

三、回收系统权限

回收系统权限是使用 REVOKE 命令来完成的。在回收了用户系统权限后，用户将不能执行系统权限对应的 SQL 命令。回收系统权限一般由 DBA 用户来完成。

回收用户系统权限的语法如下：

```
Revoke 系统权限列表(多个系统权限之间用“,”分割)from 用户
```

收回用户系统权限示例：

```
sqlplus system/manager@test
SQL>revoke create session，create table from test;
```

四、查询系统权限

可以通过查询数据字典 user _ sys _ privs，显示用户所具有的系统权限。如下所示：

```
select * from user_sys_privs where grantee='TEST'
GRANTEE        PRIVILEGE
----------------------------------------------------------------
TEST            CREATE SESSION
TEST            CREATE TABLE
```

```
TEST                CREATE CLUSTER
TEST                CREATE VIEW
TEST                CREATE SYNONYM
TEST                CREATE SEQUENCE
TEST                CREATE USER
```

1. GRANTEE：权限的拥有者。

2. PRIVILEGE：系统权限名。显示当前会话所具有的权限，建立用户时，可以将系统权限授予用户。那么当用户登录后，可以执行哪些 SQL 命令呢？通过查询 session _ privs 可以知道当前会话所具有的权限。

```
select * from session_privs
PRIVILEGE
--------------------------------------------------------------------
CREATE SESSION
CREATE TABLE
CREATE CLUSTER
CREATE VIEW
CREATE SYNONYM
CREATE SEQUENCE
CREATE USER
```

学习单元 2　对象权限的管理

学习目标

➢掌握对象权限的主要知识

➢掌握对象权限的授予及回收方法

➢掌握查询用户具有的对象权限的方法

知识要求

一、对象权限基础

对象权限是指访问其他模式对象的权利，它用于控制一个用户对另一个用户的访问。假如数据库实例 X 有一账户 A，同时拥有一账户 B，而账户 A 要访问账户 B 的数据库表 TX，则必须要在 B. TX 表上具有相应的对象权限。如图 4—62 所示为账户访问其他账户的模式与对象。

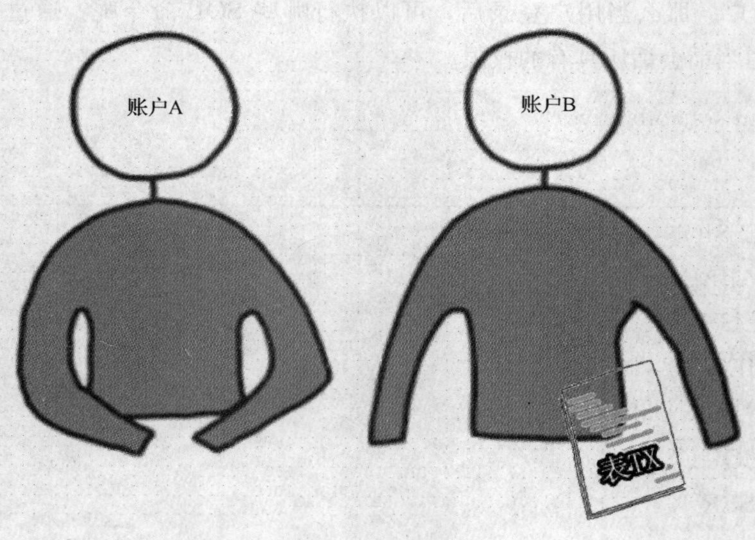

图 4—62　模式与对象

表 4—2 列出了 Oracle 提供的所有对象权限。

表 4—2　　对象权限

对象权限	表	视图	序列	过程
DELETE	Y	Y		
EXECUTE				Y
INSERT	Y	Y		
SELECT	Y	Y	Y	
UPDATE	Y	Y		

默认情况下，当直接授予对象权限时，会将访问所有列的权限都授予用户。例如，如果用户 B 执行授权命令 “GRANT UPDATE ON TX TO A”，那么 A 可以更新 B. TX 表的所有列。

二、授予对象权限

用户可以访问自己模式中的所有对象，但如果需要访问另一模式的所有对象时，则必须要具有相应对象权限。授予对象权限使用 GRANT 命令完成。

授予对象权限的基本语法如下：

```
GRANT 权限列表(权限之间用逗号隔开)ON 对象 TO 账户
```

下面为授予对象权限示例：连接 B 账户，授予 TX 对象权限给 A 账户

```
SQL>CONNECT b/password
SQL>GRANT SELECT，INSERT ON TX TO A
```

三、回收对象权限

回收对象的权限使用 REVOKE 命令完成。在回收了对象的权限以后，用户不能执行该对象权限所对应的 SQL 操作。回收权限一般是由对象的所有者来完成的。

回收对象权限的基本语法如下：

```
REVOKE 权限列表(权限之间用逗号隔开) ON 对象 FROM 账户
```

回收对象权限示例如下：

```
SQL>CONNECT b/b
SQL>REVOKE SELECT，INSERT ON TX FROM A
```

四、查询对象权限

通过查询 USER _ TAB _ PRIVS，可以查看当前用户所具有的对象权限。

```
SQL>SELECT * FROM USER_TAB_PRIVS;
GRANTEE    OWNER    TABLE_NAME    GRANTOR    PRIVILEGE
-------------------------------------------------------
TEST       SYSTEM   TEMP          TEST       SELECT
```

1. OWNER：对象所有者。
2. TABLE _ NAME：对象名。
3. GRANTOR：授权用户。
4. GRANTEE：被授权用户。
5. PRIVILEGE：被授予的权限。

第 4 节　角色管理

学习单元 1　Oracle 预定义角色

学习目标

➤了解 Oracle 预定义角色的作用

➤熟悉常用的 Oracle 预定义角色

知识要求

平时干活或做功课时人们总是先做一批相关的工作（工作的性质相似、地点相近等），等一批相关工作做完后，然后再做其他一批相关工作。例如，做作业时先做数学，然后做语文等，这样分组成批地完成功课总比做一道数学题，再做一道语文题，然后再回来做一道数学题这种循环或无序的工作来得快。同样的道理，当建立用户时，用户没有任何权限，不能执行任何操作。为了使用户可以连接数据库以及执行各种操作，必须授予相应的系统权限和对象权限。例如，为了让账户 A 连接到数据库和执行相应的需要的操作必须授予账户权限，例如，CREATE SESSION、CREATE TABLE 等权限。

如图 4—63 所示为给账户授权的过程。

从图 4—63 可以看到，为完成 4 种权限授予 3 个账户的授权过程，需要执行大量的授权过程，这里共计 12 次之多，同样回收权限也需要执行相同次数的操作，这样一来，授权和回收权限的工作量是极其巨大的，当要授予的权限特别多时，工作量可想而知，并且容易多授权限或少授权限而出错，管理授权和回收权限变得太复杂。为了简化授予权限和回收权限的过程，希望把授予权限和回收权限成组、成批次地进行，此时便是接下来需要讲解的角色，即权限的集合，从而达到了简化权限的管理过程而避免了出错。

角色的授权过程如图 4—64 所示。

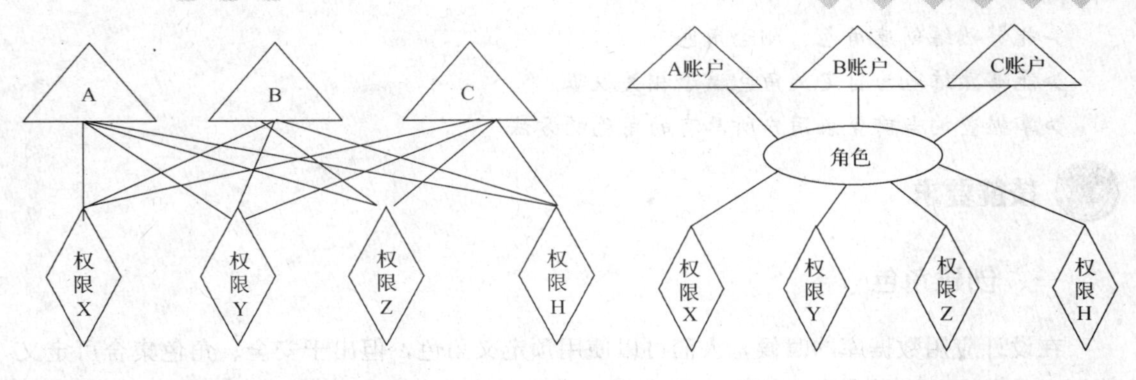

图 4—63　账户授权过程　　　　图 4—64　角色授权过程

从图 4—64 可以看到增加权限的集合：创建角色，把单个的权限赋值给角色，然后依次一次性把权限的集合（角色）赋予不同的用户，这样简化了授权过程，通过创建不同角色可以给不同需求的用户授予不同角色，授予权限和回收权限都变得简单明了。

角色是一组相关权限的集合，使用角色最主要的目的是简化权限管理。当建立数据库、安装数据字典和一些相关包后，Oracle 就已经建立了一些预定义角色，下面介绍常用的预定义角色：

1. CONNECT，其所包含的权限有：

ALTER SESSION、CREATE SESSION、CREATE CLUSTER、CREATE DATABASE LINK、CREATE SEQUENCE、CREATE SYNONYM、CREATE TABLE、CREATE VIEW。

2. RESOURCE，其所包含的权限有：

CREATE INDEXTYPE、CREATE OPERATOR、CREATE PROCEDURE、CREATE TRIGGER、CREATE TYPE、CREATE CLUSTER、CREATE TABLE 等系统权限。

3. DBA，其所包含的权限有：

所有系统权限。

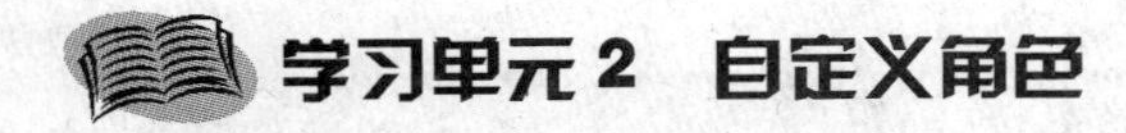

学习单元 2　自定义角色

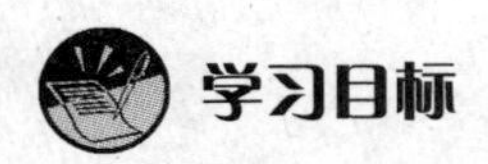

学习目标

➤掌握自定义角色的作用

➢能够熟练创建角色、删除角色

➢能够熟练地为自定义角色赋予相关权限

➢掌握查询当前登录用户所具有的角色的方法

技能要求

一、创建角色

在设计应用数据库的时候，人们可以使用预定义角色，但出于安全、角色集合可定义等因素的考虑，人们常常根据用户需求定义自己的角色。建立角色是由 CREATE ROLE 语句，通过 DBA 用户来完成的。

建立角色的基本语法如下：

```
CREATE ROLE 自定义角色名字;
```

创建角色示例：

```
CREATE ROLE test_role;
```

注：创建角色的账户必须拥有 CREATE ROLE 权限。另外，建立的初始角色不具备任何的系统权限和对象权限。

二、删除角色

在应用数据库运行一些时间后，发现有些角色不常用或角色的管理发生变化，当一些角色不再需要时，可以根据新设计的需要，把不用的或设计不当的角色删除掉。

删除角色的基本语法如下：

```
DROP ROLE 自定义角色名字;
```

删除角色示例：

```
DROP ROLE test_role ;
```

三、角色授权

正如上文所说，一旦有了权限的集合，就可以简化权限授予和权限回收过程，下面主要讲解给角色授权和使用角色给用户授权。

1. 给角色授权

给角色授权的基本语法如下：

```
GRANT 权限列表(多个权限用逗号隔开) TO 自定义角色名字；
```

给角色授权示例：

```
GRANT CRAETE SESSION，CREATE TABLE TO test_role；
```

2. 使用角色给用户授权

使用角色给用户授权的基本语法如下：

```
GRANT 角色列表,权限列表(多个权限用逗号隔开)TO 自定义用户名字；
```

使用角色给用户授权示例：

```
GRANT test_role TO user_name；
```

四、显示当前用户所具有的角色

要显示当前操作用户的角色，可以通过查询 user _ role _ privs 得到相应信息。

```
SQL>SELECT USERNAME，GRANTED _ROLE FROM USER_ROLE_PRIVS；
USERNAME                GRANTED_ROLE
----------------------------------------------
SCOTT                   DELETE_ROLE
SCOTT                   SYSTEM_ROLE1
SCOTT                   SYSTEM_ROLE2
SCOTT                   INSERT_ROLE
```

第5节 主键、索引、约束管理

学习单元1 主键管理

学习目标

➢掌握主键的概念与作用

➢能够熟练创建、修改、删除主键

知识要求

一、主键的概念与作用

1. 主键的定义

能够唯一表示数据表中的每个记录的字段或者字段的组合就称为主键。一个主键是唯一识别一个表的每一条记录，但这只是其作用的一部分，主键的主要作用是将记录和存放在其他表中的数据进行关联。在这一点上，主键是不同表中各记录之间的简单指针。所以，主键的值对用户而言是没有什么意义的，并且和它要赋予的值也没有什么特别的联系。

2. 主键的作用

（1）主键唯一地识别每一条记录。

（2）主键将记录和存放在其他表中的数据进行关联。

二、创建、删除、修改主键

1. 创建主键

创建主键有两种方法，一种方法是在创建表的同时创建主键，另一种方法是表创建完成后再建立主键。

下面分别讲解这两种创建方法。

（1）创建表时同时创建主键

创建表时同时创建主键的基本语法如下：

```
CREATE TABLE table_name (
colunms ……,
constraint primary_name primary(colunms)
)
```

说明：

1）table _ name：表名。

2）colunms ……：列名及类型。

3）primary：声明创建主键。

（2）表创建后再创建主键

表创建后再创建主键的基本语法如下：

```
ALTER TABLE table_name
constraint primary_name primary(colunms)
[USING INDEX TABLESPACE tablespace_name]
```

说明：

1）table _ name：表名。

2）primary：声明创建主键。

3）colunms：列名及类型。

4）USING INDEX TABLESPACE：指定索引表空间。

5）tablespace _ name：表空间名。

2. 删除主键

删除主键的基本语法如下：

```
ALTER TABLE table_name
drop constraint primary_name
```

说明：

（1）table _ name：表名。

（2）primary：声明创建主键。

3. 修改主键

将已经创建的主键删除后重新创建新的主键。

学习单元2 索引管理

学习目标

➢掌握索引的含义及用途

➢能够熟练创建、修改、删除索引

技能要求

一、索引的概念与作用

1. 索引的定义

在讲解索引的概念之前,试想如下情景:如果一个人手中拿着一本书,想快速找到所要的内容,请问,他的第一反应是什么?是赶快通篇翻书找要找的内容吗?其实查找所需内容的方法是多种多样,然而普遍而且最有效的方法是先看目录,找到内容所在的位置,然后再翻书。下面要讲的内容便是在数据库里快速查询数据的重要方法——索引。

2. 索引的作用

Oracle 提供了大量的索引选项,了解在给定的条件下使用哪个选项对于一个应用程序的性能来说非常重要。一个错的选择可能会引起意想不到的后果,导致数据库性能急剧下降或进程终止。而如果做出正确的选择,则可以合理地使用资源,使那些已经运行了几个小时甚至几天的进程可以在几分钟内完成。

二、创建、修改、删除索引

1. 创建索引

创建索引的命令语法如下:

```
CREATE [unique] INDEX [user.]index_name
ON [user.]table_name (column [ASC | DESC] [,column
[ASC | DESC] ] ... )
[CLUSTER [schema.]cluster]
[INITRANS n]
[MAXTRANS n]
[PCTFREE n]
[STORAGE storage]
[TABLESPACE tablespace]
[NO SORT]
```

说明：

（1）schema：Oracle 模式，默认即为当前账户。

（2）index _ name：索引名。

（3）table _ name：创建索引的基表名。

（4）column：表的列名，一个索引最多有 16 列，long 列、long raw 列不能建索引列。

（5）DESC、ASC：默认为 ASC，即升序排序。

（6）CLUSTER：指定一个聚簇（Hash cluster 不能建索引）。

（7）INITRANS、MAXTRANS：指定初始和最大事务入口数。

（8）TABLESPACE：表空间名。

（9）STORAGE：存储参数，同 create table 中的 storage。

（10）PCTFREE：索引数据块空闲空间的百分比（不能指定 pctused，指定块中数据使用空间的最低百分比）。

（11）NO SORT：不（能）排序（存储时就已按升序排序，所以指出不再排序）。

2. 修改索引

修改索引的命令语法如下：

```
ALTER [UNIQUE] INDEX [user.]index_name
[INITRANS n]
[MAXTRANS n]
REBUILD
[STORAGE n]
```

说明：

(1) index _ name：索引名。

(2) REBUILD：是根据原来的索引结构重新建立索引，实际是删除原来的索引后再重新建立索引。

3. 删除索引

当不需要索引时，可以将索引删除，以释放出硬盘空间。删除索引的命令语法如下：

```
DROP INDEX [schema.]index_name
```

说明：

(1) schema：Oracle 模式，默认即为当前账户。

(2) index _ name：索引名。

学习单元 3　约束管理

学习目标

➢熟悉约束的种类

➢能够熟练地创建、修改以及删除约束

知识要求

一、约束的分类

在设计数据库表的时候，总是要遵守商业规则，以确保数据的完整性。比如建立了一个员工工资表，每当给员工发工资时总要往工资表里填写流水记录，但给员工发工资必须满足一个基本的前提，即：约束，那就是该员工必须是本公司的员工（不管是兼职、全职或是其他），从数据库设计的角度来说就是在员工表里必须有该员工信息，才能往工资表里插入该员工工资数据。

数据的约束有 NOT NULL 约束、主键约束、外键约束、唯一约束、Check 约束。

二、唯一约束作用及使用范围

1. 唯一约束的作用

唯一约束也是针对表列的，指定为唯一约束的表列的值必须是唯一的，但可以为

NULL。在 Oracle 内创建唯一约束时，如果列上没有索引将会自己创建一个唯一索引，如果列上已经存在索引，就重用之前的索引。

比如：部门表中的部门名称可以指定为唯一，即：部门不重名。

2. 唯一约束的使用范围

用于唯一地标识表中的每一条记录。

列上没有任何两行具有相同值。

三、Check 约束作用及使用范围

1. Check 约束的作用

在设计数据库表结构时，分析用户的数据的取值范围，从而将那些取值范围内的字段用 CHECK 进行描述，以保证以后数据的正确性。如果不在取值范围内将不能通过约束条件，即该数据不能进入到数据库内。

2. Check 约束的使用范围

只允许取值范围的值进入到数据库表中。

四、定义、删除、修改约束

1. 定义约束

（1）创建唯一约束。创建唯一约束有如下两种方法：

1）创建表时同时创建唯一约束。语法如下：

```
CREATE TABLE table_name (
columns ……,
constraint unique_name unique(columns)
)
```

2）表创建后单独创建唯一约束。语法如下：

```
alter table table_name add constraint unique_name unique(columns);
```

（2）创建 Check 约束。语法如下：

```
Alter table table_name add constraint check_name check
(check_expression);
```

2. 删除约束

（1）删除唯一约束。语法如下：

```
alter table table_name drop constraint unique_name;
```

(2) 删除 Check 约束。语法如下:

```
Alter table table_name drop constraint check_name;
```

3. 修改约束

(1) 修改唯一约束。在唯一约束变更的时候,只需要将原唯一约束删除后按新的约束条件进行创建。

(2) 修改 Check 约束。在 Check 约束变更的时候,只需要将原 Check 约束删除后按新的约束条件进行创建。

第 6 节　视图管理

学习目标

➢熟悉视图的概念及作用

➢掌握创建以及删除视图的方法

知识要求

一、视图的概念

视图是一个数据库对象,它容许用户从一个表或一组表或其他视图建立一个"虚表"。和表不同,视图中没有数据,而仅仅是一条 SQL 查询语句。按此语句查询出来的数据以表的形式表示。事实上,有时候,用户在视图上进行数据库操作,而这些操作是视图和表都支持的操作,如果不告诉用户操作是在视图中的话,用户完全可以认为他是在数据库表中操作。和数据库表一样,可以在视图上执行受限制 INSERT、UPDATE、DELETE、SELECT 数据操作。用户总能从视图中查询数据。

二、视图的作用

了解为什么需要使用视图很重要，使用视图有如下理由：

1. 视图可以提供附加的安全层。例如，公司有一张公司雇员情况表，可以为各个部门经理建立分别的视图，使他们只能看到自己部门的员工情况，不能看到别的部门的员工情况。

2. 视图可以隐藏数据的复杂性。Oracle 数据库有许多表。用户执行连接操作时，可以从两个或多个表中检索出信息，但这些连接操作有时候非常复杂，常常把最终用户搅糊涂了，有时候甚至专家也很苦恼。在这样的情况下，就有必要建立视图，组合各基表数据。

3. 视图可以简化命名。在给表列命名的时候，往往需要表达具体的业务含义，列名很复杂，例如，FUND _ TRADE _ BEGIN _ TIME，而建立视图的时候可以重新命名为更加容易让客户记忆的名字，例如，TRADE _ BTIME，这样就简单多了。

4. 视图带来更改的灵活性，可以更改组成视图的一个或多个表的内容而不更改应用程序。比如有一个视图，它的列数据有来自两个表的多个列，只要不更改与视图对应的库表列，对这两个表的其他列做修改或增减库表列，对视图没有影响，照常可以使用。

5. 视图可以让不同的用户去关心自己感兴趣的数据和某些特定的数据，而与任务无关的、不需要的数据就可以不在视图中显示。

三、创建与删除视图

1. 创建视图

创建视图的基本语法为：

```
CREATE [ OR REPLACE ] VIEW 自定义视图名称(数据项别名列表,多个列时以","分隔)
AS SELECT 子查询语句
```

（1）创建简单的视图（见图 4—65）。在图 4—65 事例中，创建了视图 v _ emp。

（2）创建别名列表的视图（见图 4—66）。

在图 4—66 示例中创建了视图 av _ emp 并且给输出标题另取名字，分别是“v _ ename”和“v _ sal”，分别对应视图子查询 ename 和 sal 列。

（3）创建复杂的视图示例（见图 4—67）。在图 4—67 示例中创建了视图 p _ emp 并且给输出标题另取名字，分别是“ve _ name”和“v _ sal”，分别对应视图子查询 e. ename 和 e. sal 列。该视图子查询是一个高级的连接子查询。

```
Oracle SQL*Plus
文件(F)  编辑(E)  搜索(S)  选项(O)  帮助(H)
SQL>
SQL>
SQL>
SQL> create view v_emp as select ename,sal from emp;

视图已建立。

SQL>
```

图 4—65　创建简单的视图

```
Oracle SQL*Plus
文件(F)  编辑(E)  搜索(S)  选项(O)  帮助(H)
SQL>
SQL>
SQL>
SQL> create view av_emp(v_ename, v_sal) as select ename,sal from emp;

视图已建立。

SQL>
```

图 4—66　创建别名列表的视图

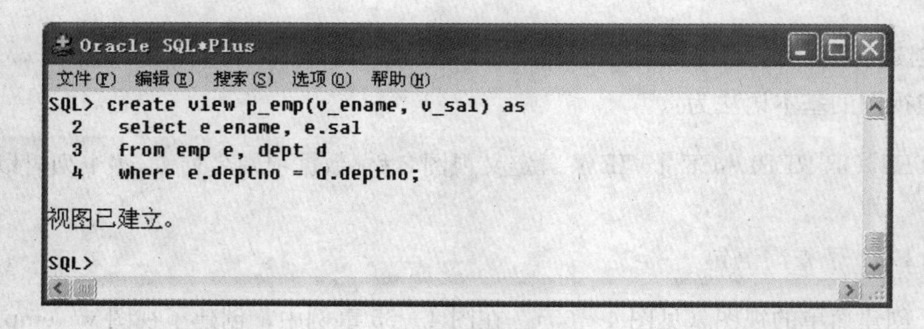

图 4—67　创建复杂的视图

注：在创建视图时，如果不定义视图列别名，查询该视图显示的数据列标题为 SELECT 子查询列表的名称；如果使用视图别名列表，则要注意数据项列表项数与 SELECT 字段列表项数一致，并且它们的数据类型和数据项大小也是一致的。

2. 删除视图

删除视图的基本语法如下：

DROP VIEW 已定义的视图名称；

以删除视图 p _ emp 为例，如图 4—68 所示为其命令语句。

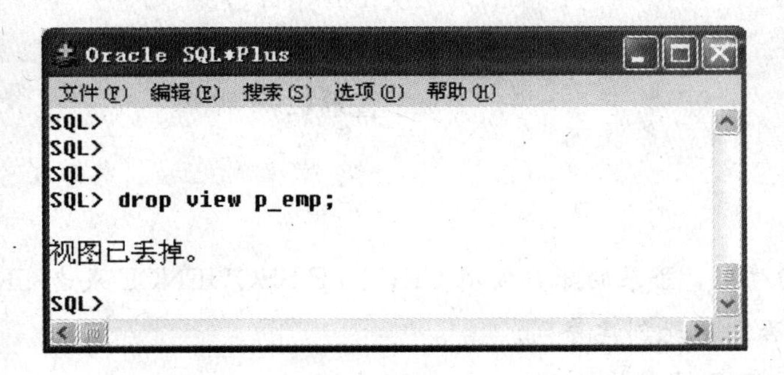

图 4—68　删除视图

第 7 节　序列号、同义词

学习目标

➢了解序列号的作用
➢了解同义词的作用
➢掌握创建序列号的操作方法
➢掌握创建、删除同义词的操作方法

知识要求

一、Sequence 序列号

在 Oracle 中，Sequence 就是所谓的序列号，每次取的时候它会自动增加，一般用在需要按序列号排序的地方，例如，当到银行开账户的时候，存折号就是一个组合序号，即可能是：银行号＋存折类型＋日期时间＋流水序列号，其中流水序列号就是一个简单固定位数的输出序列。

1. 创建序列

创建序列的语法定义是：

```
CREATE SEQUENCE empseq          --自定义的序列名
INCREMENT BY 1                  --每次加1个,即递增的间隔
START WITH 1                    --从1开始计数
NOMAXVALUE                      --不设置最大值
NOCYCLE                         --一直累加,不循环
CACHE 10;
```

特别提示

要创建自己的序列，登录的账户要有 CREATE SEQUENCE 或者 CREATE ANY SEQUENCE 权限，否则不能创建序列。

2. Sequence 序列用法

一旦定义了序列，就可以用 CURRVAL 和 NEXTVAL 获取序列的值：

(1) CURRVAL：返回 sequence 的当前值

(2) NEXTVAL：增加 sequence 的值，然后返回 sequence 值

如：

```
empseq.CURRVAL 获取序列的当前值
empseq.NEXTVAL 增加 sequence 的值,然后返回 sequence 值
```

以下是可以使用 sequence 的地方：

1) 不包含子查询、snapshot、VIEW 的 SELECT 语句。

2) INSERT 语句的子查询中。

3) INSERT 语句的 VALUES 中。

4) UPDATE 语句的 SET 中。

二、同义词

1. 同义词的定义及作用

人在不同的时期会有不同的名字，小时候父母可能给自己取乳名，上学的时候取学名，长大后要是当作家了，还可能取笔名等。对同一个人来说，取不同的名字都是指同一个人，这些名字就是最简单的同义词。在 Oracle 数据库设计中，也常常用到同义词，其作用如下：

(1) 隐藏表的拥有者或表名。

(2) 隐藏表的具体位置（例如，有可能数据库表在远程数据库中）。

（3）给用户一个更简单的表名称（如：给 T _ trade _ current 表取一别名 TTC）。

同义词是数据库对象，允许给 Oracle 表取不同的名字，可以大大简化数据库的操作，提高数据库的安全性。比如，在当前账户 A 下去访问另一个数据库用户 B 对应的模式中的表对象（T _ trade _ current），这时如果直接去访问该表（select * from T _ trade _ current），Oracle 数据库不能解释，将报错，应改为 select * from B. T _ trade _ current 方能访问到指定的表（必须要有访问权限），但这样比较复杂，每次用到该表都要把模式名加上。那么如果先建立同义词，访问就会变得如同在当前模式下工作一样简单。

2. 同义词分类

同义词分为私有同义词和公有同义词两种，私有同义词只有同义词属主能访问，或者在属主的授权下的其他账户能访问，而公有同义词所有的 Oracle 账户都能访问。创建同义词的语法如下：

```
Create [public] synonym 自定义同义词名 for object
其中 object 可以是：表(table)、视图(view)、快照(snapshot)、序列(sequence)、过程(procedure)、函数(function)、包(package)、对象类型(object type)。
```

注：要创建自己的同义词，登录的账户要有 CREATE SYNONYM 或者 CREATE ANY SYNONYM 权限，否则不能创建同义词，创建公有同义词还要有 CREATE PUBLIC SYNONYM 权限。

3. 同义词使用示例

还是以上面提到的从 A 账户访问 B 账户的 T _ trade _ current 表为例（假如 A 账户拥有对 B 账户的对象访问权限）：

首先创建私有同义词：

```
Create synonym TTC for B. T_trade_current;
```

然后使用私有同义词进行访问：

```
Select * from TTC;
```

4. 删除同义词

可以删除自己模式中的所有同义词，如果要删除别的模式中的同义词，必须要有 DROP ANY SYNONYM 权限。如果删除公有同义词，则需要有 DROP PUBLIC SYSNONYM 权限。

删除私有同义词的示例如下：

```
Drop synonym TTC;
```

第 5 章

SQL 应用

第 1 节　SQL 查询语句基本语法、关键字及常用函数

学习单元 1　SQL 查询语句基本语法

学习目标

➢掌握新增、修改以及删除数据的操作方法

➢能够熟练地运用 SQL 语句进行基本查询

知识要求

一、基本查询

SELECT 语句用于检索数据。在所有的 SQL 语句中，SELECT 语句的功能和语法最为复杂和灵活。下面将讲解简单的查询语句 SELECT 的使用方法。

查询语句 SELECT 的基本语法如下：

```
SELECT ＜＊, column [alias,…]＞ FROM table;
```

SELECT 关键字用于指定要检索的列，其中“＊”表示检索所有的列，column 指定要检索的列或表达式，alias 用于指定要检索的列或表达式的别名，FROM 指定要检索的表。下面以检索默认账户 SCOTT 的 EMP 表和 DEPT 表的数据为例，说明 SELECT 语句的简单用法。

1. 确定表结构

当检索表数据时，既可以检索所有的列，也可以检索特定的列。但要检索所有或特定列的数据，必须清楚表的结构。通过 SQL＊Plus 的 Describe 命令（简写为 DESC），可以显示表的结构，下面以 EMP、DEPT 表为例显示表结构。

示例如图 5—1 所示，显示 EMP 表结构。

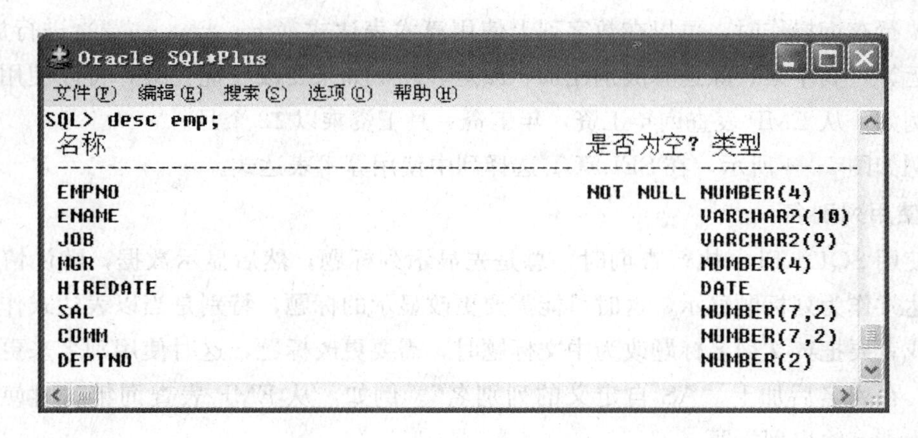

图 5—1　查询表结构

2. 检索所有的列

要检索表所有列，可以在 SELECT 关键字后使用“ * ”号。例如，检索表 DEPT 的所有列。

示例如图 5—2 所示，检索数据库表所有列。

3. 检索特定列

要检索表中特定的列，在关键字 SELECT 后指定特定列的列名，如果检索的是指定的多个列的数据，那么使用“,”把列名分隔开。例如，检索表 DEPT 的特定列——部门号、部门名称。

示例如图 5—3 所示，从数据库表检索特定列的数据。

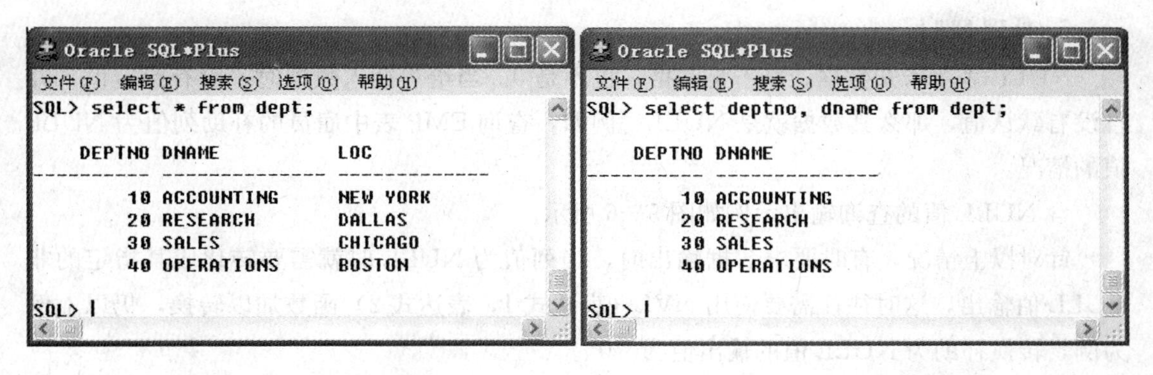

图 5—2　查询所有列数据　　图 5—3　查询特定列数据

4. 使用算术表达式

当执行查询操作时，可以在数字列上使用算术表达式（+，－，*，/）进行加、减、乘、除运算，其中乘、除运算级别比加、减运算高，如果要改变优先级，可以使用“()”括号。例如，从EMP表查询年工资，年工资＝月工资乘以12个月。

示例如图5—4所示，在SELECT选择列中使用算术表达式。

5. 使用列别名

在使用SQL＊Plus执行查询时，总是先显示列标题，然后显示数据，默认情况下列名或表达式作为列标题显示，这时可能需要更改显示的标题，特别是当以表达式作为标题显示，或者要把英文列名标题改为中文标题时，需要更改标题，这时使用别名来更改显示的标题。在列名后加上“AS自定义的列别名”。例如，从EMP表查询年薪时使用“年薪”作为查询输出列标题。

示例对SELECT输出列命名别名，如图5—5所示。

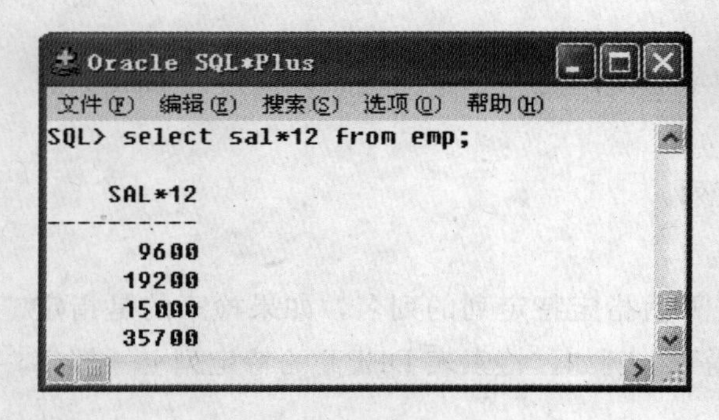

图5—4 使用算术表达式

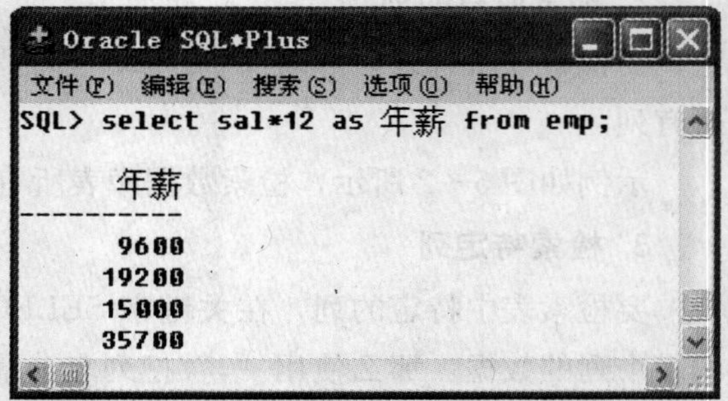

图5—5 使用列别名

6. 处理NULL

NULL表示未知数据，既不是空格，也不是0。当给表插入数据时，没有给定值，并且没有默认值，那么其数据就是NULL。例如，查询EMP表中雇员的补助列值为NULL值的情况。

含NULL值的查询输出示例如图5—6所示。

针对以上情况，有时要求数据输出时，当列值为NULL时就需要转化成某指定的非NULL值输出，这时往往需要使用NVL（表达式1，表达式2）函数加以转换，仍以上例为例，转换补助为NULL值的输出值为“0”。

使用NVL函数的示例如图5—7所示。

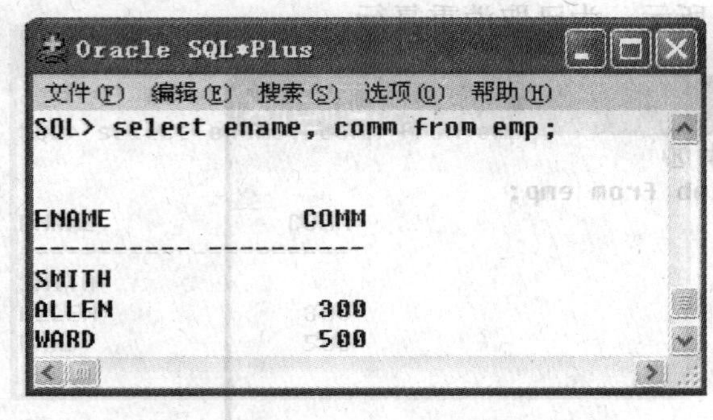

图 5—6　含 NULL 值的查询输出示例

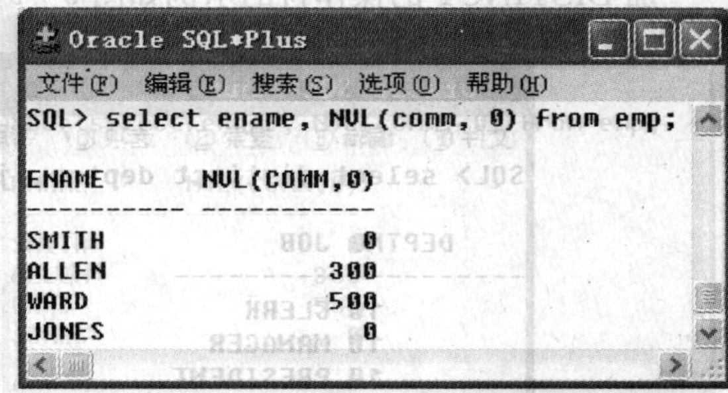

图 5—7　NVL 函数处理

7. 取消重复的行

当需要检索非重复行数据时，例如，需要知道员工表里有多少部门和岗位，如果不把重复的记录丢弃，则可能显示重复的岗位和部门的组合。取消重复的行，只需要在选择列表里最前面加上 DISTINCT 操作符即可。

没有加 DISTINCT 的操作符的示例如图 5—8 所示，为未取消重复行。

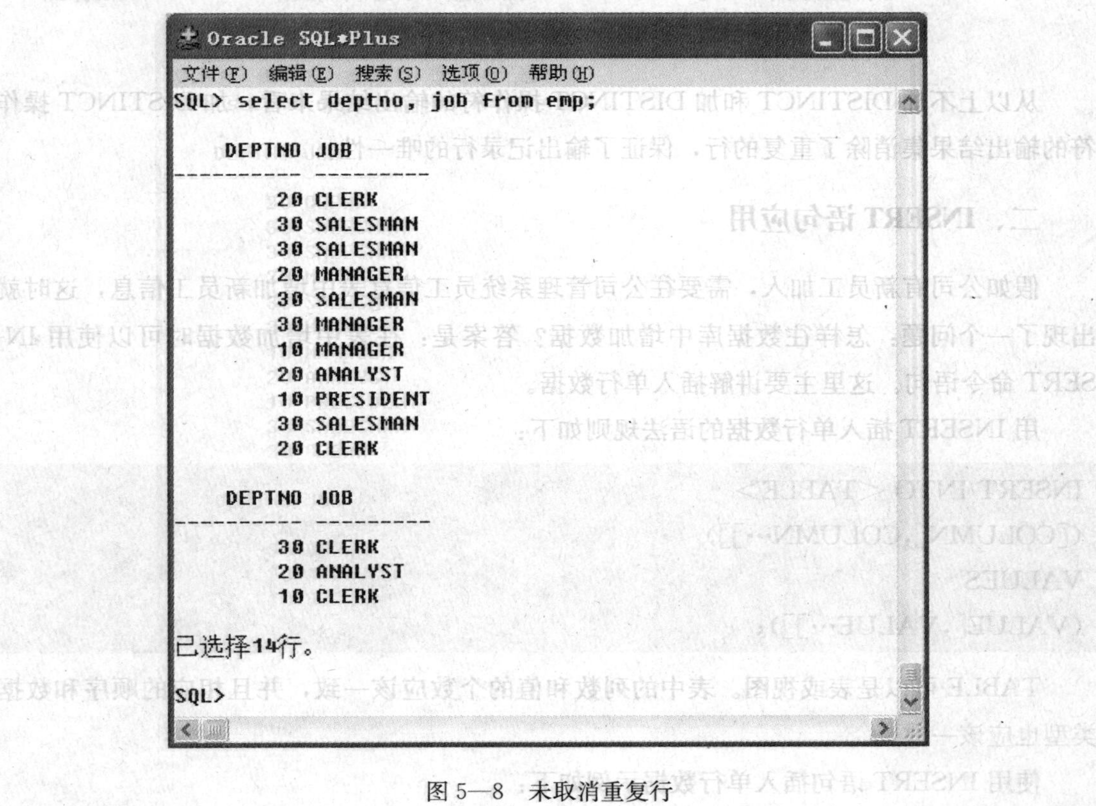

图 5—8　未取消重复行

加 DISTINCT 的操作符的示例如图 5—9 所示，为已取消重复行。

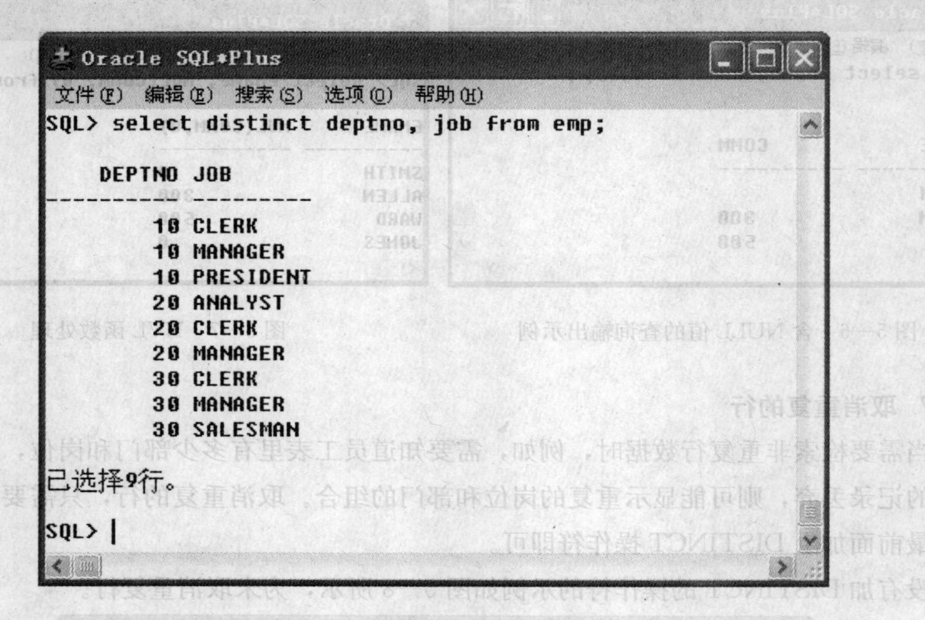

图 5—9　取消重复行

从以上不加 DISTINCT 和加 DISTINCT 操作符的输出结果来看，加 DISTINCT 操作符的输出结果集消除了重复的行，保证了输出记录行的唯一性。

二、INSERT 语句应用

假如公司有新员工加入，需要往公司管理系统员工信息表中增加新员工信息，这时就出现了一个问题：怎样往数据库中增加数据？答案是：往表中增加数据时可以使用 INSERT 命令语句。这里主要讲解插入单行数据。

用 INSERT 插入单行数据的语法规则如下：

```
INSERT INTO <TABLE>
([COLUMN[,COLUMN…]])
VALUES
(VALUE[,VALUE…]]);
```

TABLE 可以是表或视图。表中的列数和值的个数应该一致，并且相应的顺序和数据类型也应该一致。

使用 INSERT 语句插入单行数据示例如下：

```
INSERT INTO emp
(empno, ename, sal)
VALUES
(9999,' test', 10000.00);
```

三、UPDATE 语句应用

由于经常需要修改数据库中的数据，例如，某公司员工工作成绩优异，公司准备给其加薪水，这时就需要修改员工表中的相应数据。这时需要使用命令 UPDATE 修改数据。

UPDATE 命令的基本语法规则如下：

```
UPDATE <TABLE|VIEW>
SET COLUMN = VALUE [,COLUMN= VALUE …]
WHERE <CONDITIONS>;
```

在这里可以按一定的条件，或无条件地直接修改表或视图的数据列值。

使用 UPDATE 修改数据库表数据的示例如下：

```
UPDATE emp
SET sal= 10000
WHERE empno = 7788;
```

四、DELETE 语句应用

有时候数据库里头增加了错误的数据或不需要的数据，或数据库表的数据已经没有价值了，需要清除掉等，这时需要对数据库表数据做删除操作，可以使用 DELETE 命令删除数据。

DELETE 命令的语法规则如下：

```
DELETE FROM <TABLE|VIEW>
WHERE <CONDITIONS>;
```

在这里可以根据一定的条件，或无条件地直接删除表或视图中的数据记录。

使用 DELETE 删除数据库表数据的示例如下：

```
DELETE FROM emp
WHERE empno = 7788;
```

学习单元 2 Oracle 内置函数

学习目标

➢掌握 Oracle 内置的各种函数

知识要求

一、数字函数

数字函数的输入参数和返回值都是数字型。

1. ABS (n)

该函数用于返回数字 n 的绝对值。

```
SQL>Select ABS (－100) from dual;
    Abs(－100)
------------------------------------------------
          100
```

2. ACOS (n)

该函数用于返回数字 n 的反余弦值，输入值的范围是－1 至 1，输出值的单位为弧度。

```
SQL>Select ACOS (.3) from dual;
    ACOS (.3)
------------------------------------------------
    1.26610367
```

3. ASIN (n)

该函数用于返回数字 n 的反正弦值，输入值的范围是－1 至 1，输出值的单位为弧度。

```
SQL>Select ASIN (0.8) from dual;
    ASIN (0.8)
------------------------------------------------
         .93
```

4. ATAN (n)

该函数用于返回数字 n 的反正切值，输入值的范围是任何数字，输出值的单位为弧度。

```
SQL>Select ATAN (10.3) from dual;
     ATAN (10.3)
----------------------------------------
     1.47401228
```

5. CEIL (n)

该函数用于返回大于等于数字 n 的最小整数。

```
SQL>Select CEIL (10.3) from dual;
     CEIL (10.3)
----------------------------------------
          11
```

6. COS (n)

该函数用于返回数字 n 的余弦值。

```
SQL>Select COS (0.5) from dual;
     COS (0.5)
----------------------------------------
          .88
```

7. EXP (n)

该函数用于返回 e 的 n 次幂（e=2.71828183）。

```
SQL>Select EXP(4) from dual;
     EXP (4)
----------------------------------------
          54.6
```

8. FLOOR (n)

该函数用于返回小于等于数字 n 的最大整数。

```
SQL>Select FLOOR(15.1) from dual;
     FLOOR(15.1)
----------------------------------------
               15
```

9. LN (n)

该函数用于返回数字 n 的自然对数，其中 n>0。

```
SQL>Select LN(4) from dual;
    LN (4)
------------------------------------------------------------
       1.39
```

10. LOG (m, n)

该函数用于返回以数字 m 为底的数字 n 的对数，其中 m 是不能为 0 和 1 的正整数，n 为正整数。

```
SQL>Select LOG(2,8) from dual;
    LOG (2,8)
------------------------------------------------------------
        3
```

11. MOD (m, n)

该函数用于返回两个数字相除后的余数，其中若 n 为 0，返回结果 m。

```
SQL>Select MOD(10,3) from dual;
    MOD(10,3)
------------------------------------------------------------
        1
```

12. POWER (m, n)

该函数用于返回数字 m 的 n 次幂，底数 m 和指数 n 可以为任何数字，但 m 为负数时，n 一定为正数。

```
SQL>Select POWER(-2,3) from dual;
    POWER(-2,3)
------------------------------------------------------------
          -8
```

13. SIN (n)

该函数用于返回数字 n 的正弦值（以弧度表示角）。

```
SQL>Select SIN(0.3) from dual;
    SIN(0.3)
------------------------------------------------------------
       .3
```

14. TAN (n)

该函数用于返回数字 n 的正切值（以弧度表示角）。

```
SQL>Select TAN(45 * 3.14159265359/180) from dual;
    TAN(45 * 3.14159265359/180)
--------------------------------------------------
         1
```

15. ROUND (n, [m])

该函数执行四舍五入运算，m 为要保留的小数位数。

```
SQL>Select round(99.989, 2) from dual;
    round(99.989, 2)
--------------------------------------------------
         99.99
```

二、字符函数

字符函数输入的参数是字符类型，返回值是数字类型或字符类型，字符函数可以在 SQL 语句中使用，也可以在 PL/SQL 中使用。

1. ASCII (char)

该函数用于返回字符串首字符的 ASCII 码值。

```
SQL>Select ASCII('a') from dual;
    ASCII('a')
--------------------------------------------------
         65
```

2. CHR (n)

该函数用于将 ASCII 码值转为字符。

```
SQL>Select CHR(56) from dual;
    CHR(56)
--------------------------------------------------
         8
```

3. CONCAT (char1, char2)

该函数用于将两个字符串连接，等同于“||”连接操作符。

```
SQL>Select CONCAT('Good',' Morning') from dual;
    CONCAT('Good',' Morning')
--------------------------------------------------------
              GoodMorning
```

4. INITCAP（char）

该函数用于将字符串中每个单词的第一个字母大写，单词间用空格隔开。

```
SQL>Select INITCAP('good morning') from dual;
    INITCAP('good morning')
--------------------------------------------------------
              Good Morning
```

5. INSTR（char1，char2 [，n [，m]]）

该函数用于取得子字符串在字符串中的位置，n 为起始搜索位置，数字 m 表示子字符串出现的次数，n 为负数则从尾部开始搜索，m 必为正数，并且 m、n 值默认为 1。

```
SQL>Select INSTR('wish',' s') from dual;
    INSTR('wish','s')
--------------------------------------------------------
              3
```

6. LENGTH（char）

该函数用于返回字符串的长度，如果 char 是 NULL，则返回 NULL。

```
SQL>Select LENGTH('wish') from dual;
    LENGTH('wish')
--------------------------------------------------------
              4
```

7. LOWER（char）

该函数用于将字符串转换为小写。

```
SQL>Select LOWER('SQL') from dual;
    LOWER('SQL')
--------------------------------------------------------
              sql
```

8. UPPER（char）

该函数用于将字符串转换为大写。

```
SQL>Select UPPER ('sql') from dual;
     UPPER('sql')
--------------------------------------------------------------------------
            SQL
```

9. TRIM (char)

该函数用于将字符串左右空格截除。

```
SQL>Select TRIM ('   sql   ') from dual;
     TRIM ('   sql   ')
--------------------------------------------------------------------------
           sql
```

此时，结果中的是‘sql’值，左右不带空格。

10. LTRIM (char)

该函数用于将字符串左空格截除。

```
SQL>Select LTRIM ('   sql   ') from dual;
     LTRIM ('   sql   ')
--------------------------------------------------------------------------
            sql
```

此时，结果中的是‘sql   ’值，左边不带空格。

11. RTRIM (char)

该函数用于将字符串右空格截除。

```
SQL>Select RTRIM ('   sql   ') from dual;
     RTRIM ('   sql   ')
--------------------------------------------------------------------------
            sql
```

此时，结果中的是‘   sql’值，右边不带空格。

12. REPLACE (char，search _ string [，replace _ string])

该函数用于将字符串中的子字符串替换为其他字符串，如果 replace _ string 为 NULL 则去掉指定的字符串，如果 search _ string 为 NULL 则返回原来的字符串。

```
SQL>Select REPLACE ('缺省值为 10','缺省','默认') from dual;
     REPLACE (' 缺省值为 10','缺省','默认')
--------------------------------------------------------------------------
              默认值为 10
```

13. SUBSTR（char，m [，n]）

该函数用于取得字符串的子字符串，取得子字符串的开始位置为 m，n 则为取得子字符串的字符个数，如果 m 为负数则从尾部开始取子字符串。

```
SQL>Select SUBSTR（'good',1,2）from dual;
    SUBSTR（'good',1,2）
-----------------------------------------
          go
```

三、日期与时间函数

在编写程序的时候，经常需要判断时间值。例如，某人想查询自己存款的时间大于 2005-9-21 至今的所有存款流水账等。日常使用到时间的例子不胜枚举。Oracle 中日期与时间函数用于支持客户的日期时间要求，只需处理 Oracle 的 DATE 和 TIMESTAMP 类型数据即可。以下介绍怎么处理日期与时间这两个类型数据。

1. ADD _ MONTHS（d，n）

该函数用于返回特定日期时间 d 之后（或之前）的 n 个月所对应的日期时间（n 为正整数表示之后，n 为负整数表示之前）。

```
SQL>Select ADD_MONTHS（sysdate,1）from dual;
    ADD_MONTHS（sysdate,1）
-----------------------------------------
              21-10 月-06
```

2. CURRENT _ DATE

该函数返回当前会话时区所对应的日期时间。

```
SQL>Select CURRENT_DATE from dual;
    CURRENT_DATE
-----------------------------------------
    2006-9-21 08:18
```

3. EXTRACT

该函数用于从日期时间值中取得特定数据。

```
SQL>Select EXTRACT（year from sysdate)year from dual;
    year
-----------------------------------------
    2006
```

4. LAST _ DAY（d）

该函数返回特定日期所在月份最后一天。

```
SQL>Select LAST_DAY(sysdate) from dual;
    LAST_DAY(sysdate)
---------------------------------------------------------------
    31-12 月-06
```

5. SYSDATE

该函数用于返回系统当前日期。

```
SQL>Select SYSDATE from dual;
    SYSDATE
---------------------------------------------------------------
    21-09 月-06
```

6. NEXT _ DAY（d，char）

该函数用于返回指定日期后的第一个工作日（由 char 指定）所对应的日期。

```
SQL>Select NEXT_DAY(sysdate,'星期一') from dual;
    NEXT_DAY(sysdate,'星期一')
---------------------------------------------------------------
    25-09 月-06
```

四、转换函数

转换函数用于将数值从一种数据类型转换为另一种数据类型。在某些情况下，Oracle 会隐含地转换数据类型。大家对于数据类型的转换并不陌生，在 C 语言等高级语言中经常需要进行数据类型的转换，例如，把字符串‘123’转换为整型数据然后再使用等。接下来讲解在 Oracle SQL 或 PL/SQL 中不同的数据类型之间怎样进行转换。这里主要讲解常用的转换函数，即可满足大多数应用。

1. TO _ CHAR（character）

该函数用于将 NCHAR、NVARCHAR2 等数据类型转换成数据库字符集数据，当 character 为 NCHAR、NVARCHAR2 等数据类型时，在其前加上 n。

```
SQL>Select TO_CHAR(n'星期一') from dual;
    TO_CHAR(n'星期一')
---------------------------------------------------------------
            星期一
```

2. TO_CHAR (date, fmt)

该函数用于将指定的日期按指定的日期时间格式转换成字符串。

```
SQL>Select TO_CHAR(sysdate,' YYYY-MM-DD') from dual;
     TO_CHAR(sysdate,'YYYY-MM-DD')
-------------------------------------------------------------
              2006-09-21
```

3. TO_DATE (char, fmt)

该函数用于将指定的字符串按指定的日期时间格式转换成日期时间数据。

```
SQL>Select TO_DATE('2006-09-21',' YYYY-MM-DD') from dual;
     TO_DATE('2006-09-21',' YYYY-MM-DD')
-------------------------------------------------------------
              21-9月-06
```

4. TO_NUMBER (char, fmt)

该函数用于将指定的字符串按指定的格式转换成数字值。

```
SQL>Select TO_ NUMBER('RMB1000.00',' L99999D99') from dual;
     TO_ NUMBER ('RMB1000.00',' L99999D99')
-------------------------------------------------------------
                 1000
```

五、其他重要的常用函数

1. NVL (expr1, expr2)

该函数将空值转换为实际值。如果 expr1 是 NULL，将输出 expr2，否则输出 expr1，但要注意 expr1 类型和 expr2 类型要匹配。

```
SQL>Select NVL(sal,10000) from emp where empno=3333;
     NVL(sal,10000)
-------------------------------------------------------------
          10000
```

2. NVL2 (expr1, expr2, expr3)

如果参数表达式 expr1 值为 NULL，则 NVL2 () 函数返回参数表达式 expr3 的值；如果参数表达式 expr1 值不为 NULL，则 NVL2 () 函数返回参数表达式 expr2

的值。

```
SQL>select NVL2(comm, 'a','b') from emp where empno=7902;
    NVL2(comm,'a','b')
-----------------------------------------------------------------
         b
```

第2节　常用 SQL 查询

学习单元1　条件查询、排序

学习目标

➢掌握 SQL 语句中 WHERE 条件的运用

➢能够熟练地运用各种比较条件操作符

技能要求

一、查询中的 WHERE 条件应用

使用简单的查询语句查询数据库表时，若没有指定任何查询条件，将检索出所有的数据行，在实际的应用环境中往往只需要查询特定的数据。例如，需要检索月工资高于 10000.00 元的雇员信息；再如，需要检索 10 号部门的员工信息等。

使用 WHERE 条件查询的语法规则如下：

```
SELECT <* , column [alias,…]> FROM table [WHERE condition(s)];
```

WHERE 关键字用于指定查询条件子句；condition 用于指定具体的条件，如果条件子句返回为 TRUE，则会检索该行数据；如果条件子句为假，则不会返回指定行的数据。条件子句中常用的比较条件操作符含义见表 5—1。

表 5—1　　　　比较条件操作符含义

比较操作符	含义	比较操作符	含义
=	等于	<	小于
<>、! =	不等于	BETWEEN…AND…	在两值之间
>=	大于等于	IN（list）	匹配于列表值
<=	小于等于	LIKE	匹配于字符字样
>	大于	IS NULL	测试为 NULL

1. 使用等值或不等值查询

使用等值、不等值查询可以使用数字值、字符值、日期值等进行比较。例如，从 EMP 表查询雇用日期小于某个日期的雇员名称和雇用日期。示例如图 5—10 所示。

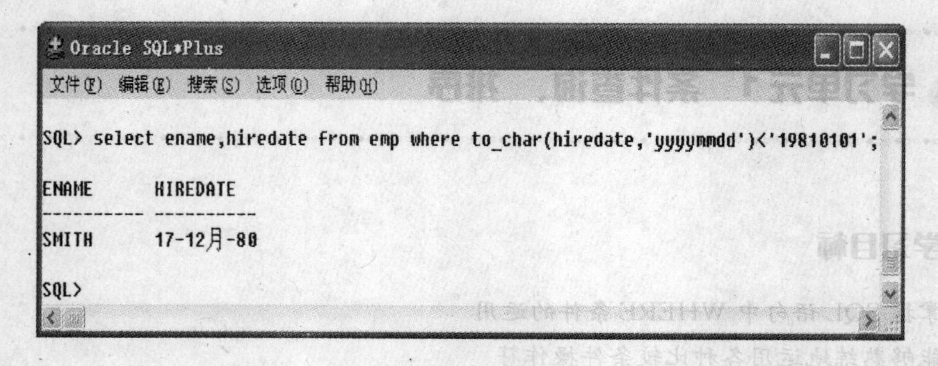

图 5—10　不等值查询

2. 在 WHERE 条件中使用 BETWEEN…AND…操作符

在 BETWEEN 后头指定较小的值，在 AND 后头指定较大的值。例如，查询 EMP 表中工资在 0 至 1000 元的员工姓名和薪水。示例如图 5—11 所示。

```
Oracle SQL*Plus
文件(F) 编辑(E) 搜索(S) 选项(O) 帮助(H)
SQL> select ename,sal from emp where sal between 0 and 1000;

ENAME             SAL
---------- ----------
SMITH             800
JAMES             950

SQL>
```

图 5—11　范围查询

3. 在 WHERE 条件中使用 LIKE 查询

LIKE 操作符执行模糊查询。如果知道查询的某些信息，但又不能完全确定时，就使用模糊查询。执行模糊查询需要用到通配符“%”和“_”，其中“%”是指多字符匹配，而“_”是指单字符匹配，在这种情况下需要匹配多字符时，只能使用多个下画线。例如，查询 EMP 表中员工姓名中含有字符“S”的员工姓名和薪水，以及查询员工姓名中第二个字符为“M”的员工姓名和薪水信息。

“%”多字符匹配示例如图 5—12 所示。

```
Oracle SQL*Plus
文件(F) 编辑(E) 搜索(S) 选项(O) 帮助(H)
SQL> select ename,sal from emp where ename like '%S%';

ENAME             SAL
---------- ----------
SMITH             800
JONES            2975
SCOTT            3000
ADAMS            1100
JAMES             950
```

图 5—12　多字符匹配查询

“_”单字符匹配示例如图 5—13 所示。

```
Oracle SQL*Plus
文件(F) 编辑(E) 搜索(S) 选项(O) 帮助(H)
SQL> select ename,sal from emp where ename like '_M%';

ENAME             SAL
---------- ----------
SMITH             800

SQL>
SQL>
```

图 5—13　单字符匹配查询

4. 在 WHERE 子句中使用逻辑操作符

在使用多个条件进行查询时，需要用到逻辑操作符 AND、OR、NOT 中的一个或多个的组合。逻辑操作符的优先级低于任何一种比较操作符，在这 3 个操作符中，优先级从 NOT、AND、OR 依次降低。如果需要改变操作符优先级，需要加括号。例如，从 EMP 雇员表中查询雇员补助不为 NULL 值的所有雇员姓名和薪水。

在 WHERE 中使用逻辑操作符的示例如图 5—14 所示。

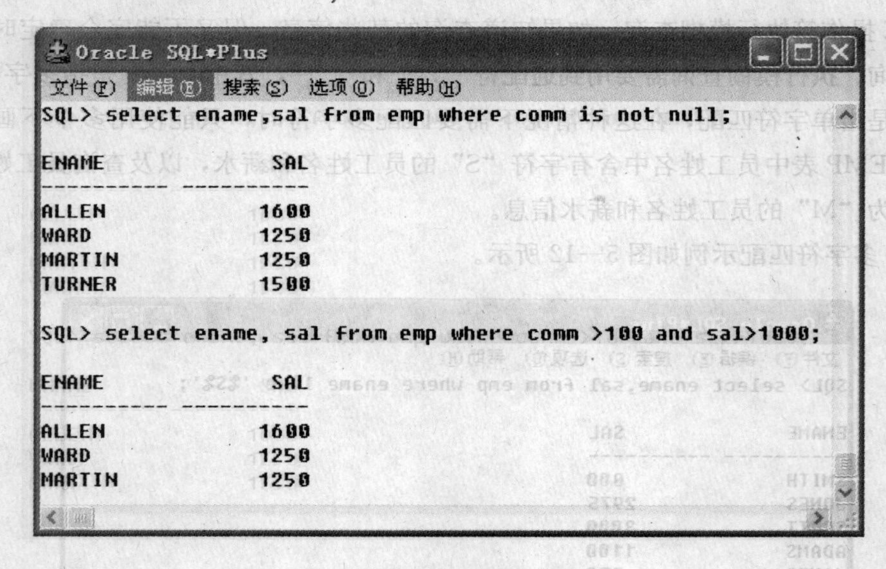

图 5—14 逻辑操作符查询

二、查询中的 ORDER BY 条件应用

在执行查询操作时，默认情况下会按照行数据插入的先后顺序来显示行数据。在实际应用中，往往希望查询结果按一定的顺序显示，比如，证券管理公司希望知道今天购买股票份额前 10 位的投资商人和投资额等。这时需要用到排序子句 ORDER BY。

使用 ORDER BY 进行排序的语法规则如下：

```
SELECT <* , column [alias,…]>
  FROM table
[WHERE condition(s)]
[ORDER BY expr [ASC|DESC]];
```

expr 指定要排序的列或表达式，ASC 用于指定进行升序排序（默认），DESC 用于指定降序排序，当查询语句同时包含多个子句时，ORDER BY 子句必须放在最后。

1. 升序排序

在升序排序时可以在排序列后指定 ASC 或不指定（默认）。例如，查询 EMP 雇员姓名和薪水信息，要求按照薪水由低到高的顺序显示。

升序排序示例如图 5—15 所示。

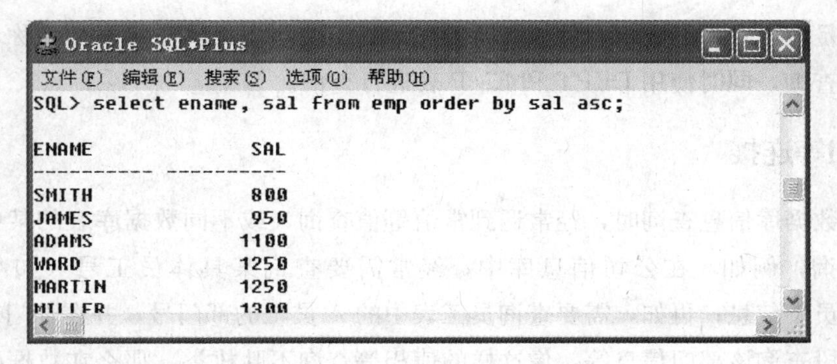

图 5—15　升序排序

2. 降序排序

在使用降序排序时，必须在需要排序的列后面加上 DESC。例如，查询 EMP 表中的雇员姓名和薪水信息，要求按照薪水由高到低的顺序显示。

降序排序示例如图 5—16 所示。

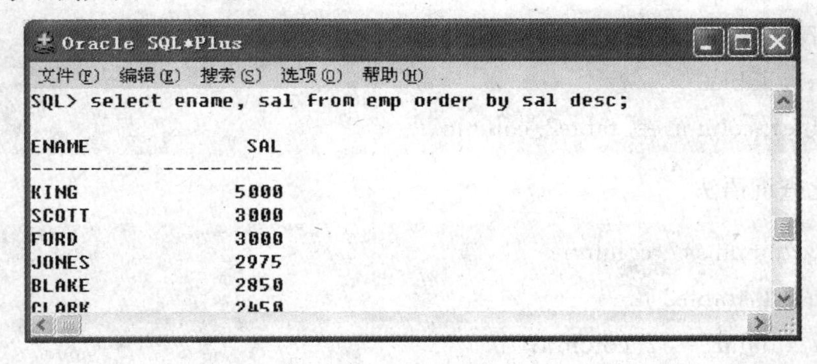

图 5—16　降序排序

学习单元 2　连接查询

学习目标

➤能够熟练地运用连接查询的方法对基表或视图进行各类查询

技能要求

连接查询是指基于两个或两个以上的基表或视图的查询。在实际应用中，查询单个表可能无法满足应用程序的要求。例如，既要显示部门位置，又要显示雇员名称，这时就需要用到连接查询，同时使用 DEPT 和 EMP 表进行查询。

一、相等连接

在执行数据库信息查询时，经常遇到常值等值查询，或不同数据库表的某些字段值相等的等值查询，例如，在公司信息库中，经常需要查询某具体员工号（如：员工号为“7788”）的员工信息；再如，需要查询员工表中的 A 员工的部门号，并在部门表中通过查询部门号字段查询该部门信息等，像这样的值相等查询不胜枚举。那么在数据库中相等连接查询准确地说是个什么概念呢？

相等连接是指使用相等符号（=）指定连接条件的连接查询，这种连接查询主要用于检索主从表之间的相关数据。使用连接查询的相关语法如下：

使用连接查询的语法：

```
SELECT table1. column, table2. column
FROM table1, table2
WHERE table1. column = table2. column;
```

别名简化查询语法：

```
SELECT t1. column, t2. column
FROM table1 t1, table2 t2
WHERE t1. column = t2. column;
```

使用相等连接执行主从查询：显示所有雇员的姓名和工资及其所在的部门名称。示例如图 5—17 所示。

```
Oracle SQL*Plus
文件(F) 编辑(E) 搜索(S) 选项(O) 帮助(H)
SQL> select e.ename, e.sal, d.dname from emp e, dept d
  2  where e.deptno = d.deptno;

ENAME             SAL DNAME
---------- ---------- --------------
SMITH             800 RESEARCH
ALLEN            1600 SALES
WARD             1250 SALES
JONES            2975 RESEARCH
MARTIN           1250 SALES
```

图 5—17　相等连接查询

使用相等连接加 AND 指定其他条件示例如图 5—18 所示。

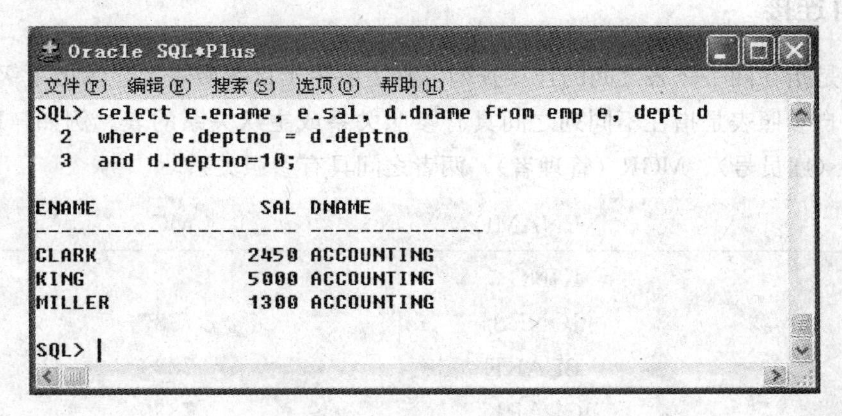

```
Oracle SQL*Plus
文件(F)  编辑(E)  搜索(S)  选项(O)  帮助(H)
SQL> select e.ename, e.sal, d.dname from emp e, dept d
  2  where e.deptno = d.deptno
  3  and d.deptno=10;

ENAME             SAL DNAME
---------- ---------- --------------
CLARK            2450 ACCOUNTING
KING             5000 ACCOUNTING
MILLER           1300 ACCOUNTING

SQL>
```

图 5—18　相等连接加其他条件查询

二、不等连接

在现实世界中，不等值查找数据是一件很平常的事，比如，去菜市场买菜，若问到第一家菜农的白菜是 1 元钱一斤，还可以货比三家，看看菜市场其他菜农有没有比 1 元钱一斤更加物美且价钱却更低的白菜。同样的道理也存在于计算机数据库信息系统中，例如，在公司管理系统中也经常需要查询工资高于某个值的员工信息等。那么在数据库信息系统查询中，不等连接查询是什么呢？

不等连接查询是指在连接条件中使用除相等比较符外的其他比较操作符的连接查询，并且不等连接主要用于在不同表之间显示特定范围的信息。例如，从雇员表和部门表中查询部门号在 10 和 20 之间的部门名称、雇员名称、雇员薪水。

不等连接查询示例如图 5—19 所示。

```
Oracle SQL*Plus
文件(F)  编辑(E)  搜索(S)  选项(O)  帮助(H)
SQL> select e.ename, e.sal, d.dname from emp e, dept d
  2  where e.deptno between 10 and 20;

ENAME             SAL DNAME
---------- ---------- --------------
SMITH             800 ACCOUNTING
JONES            2975 ACCOUNTING
CLARK            2450 ACCOUNTING
SCOTT            3000 ACCOUNTING
KING             5000 ACCOUNTING
ADAMS            1100 ACCOUNTING
```

图 5—19　不等连接查询

三、自连接

自连接是指在同一张表之间的连接查询，它主要用于自参照表上显示上下级关系或者层次关系。自参照表是指在不同列之间具有参照关系或主从关系的表。例如，EMP 表包含 EMPNO（雇员号）、MGR（管理者），两者之间具有参照关系。

EMPNO	ENAME	MGR
7389	KING	
7566	JONES	7839
7698	BLAKE	7839
7782	CLARK	7839
……		

根据雇员号（EMPNO）和管理者（MGR）可以确定管理和被管理的关系，为了显示管理与被管理的关系使用自连接。例如，查询指定雇员的上级管理者的名字。

自连接示例如图 5—20 所示。

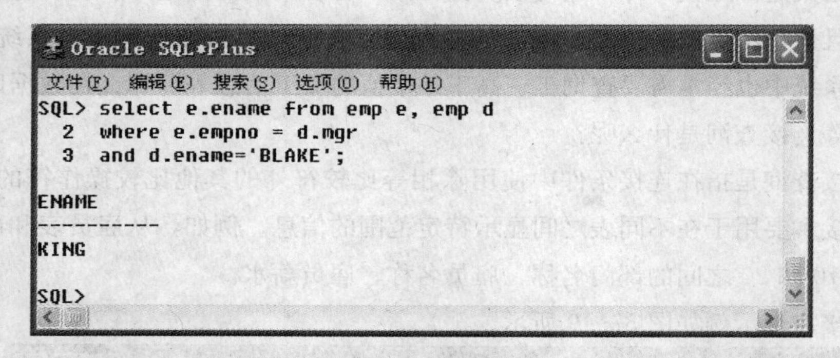

图 5—20　自连接指定条件查询

四、内连接和外连接

内连接用于返回满足条件的记录，而外连接则是内连接的扩展，不仅返回满足条件的所有记录，而且还会返回不满足连接条件的记录。

连接的语法规则如下：

```
SELECT table1. column, table2. column
  FROM table1
[ INNER | LEFT | RIGHT | FULL ] JOIN table2 ON table1. column = table2. column;
```

说明：

- INNER JOIN：表示内连接。
- LEFT JOIN：表示左连接。
- RIGHT JOIN：表示右连接。
- FULL JOIN：表示完全连接。
- ON：后跟连接条件。

1. 内连接

内连接返回满足条件的记录。默认情况下，在执行连接查询时，如果没有指定任何连接操作符，这些连接查询为内连接。例如，从 EMP 表和 DEPT 表中查询雇员所在部门在部门表中存在，且部门号为“20”的雇员姓名及雇员所在部门的部门名称。内连接示例如图 5—21 所示。

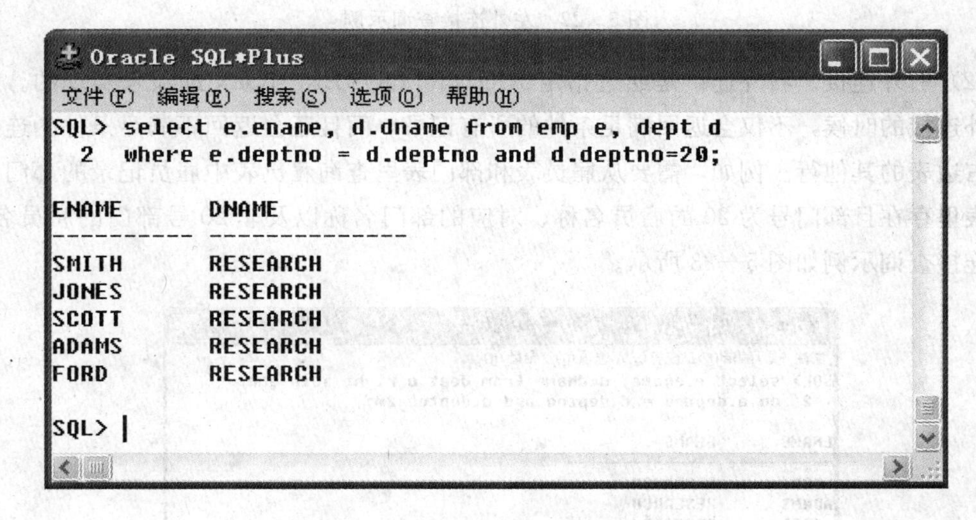

图 5—21 内连接查询

在 FROM 子句中指定 INNER JOIN 也可以实现内连接。

2. 外连接

（1）左外连接。左外连接是通过指定 LEFT［OUTER］JOIN 选项来实现的。当使用左外连接的时候，不仅会返回满足条件的所有记录，而且还会返回不满足条件的连接操作符左边表的其他行。例如，需要从雇员表和部门表里查询雇员表中雇员记录的部门号在部门表里存在且部门号为 20 的雇员名称、对应的部门名称以及非 20 号的部门名称。左外连接查询示例如图 5—22 所示。

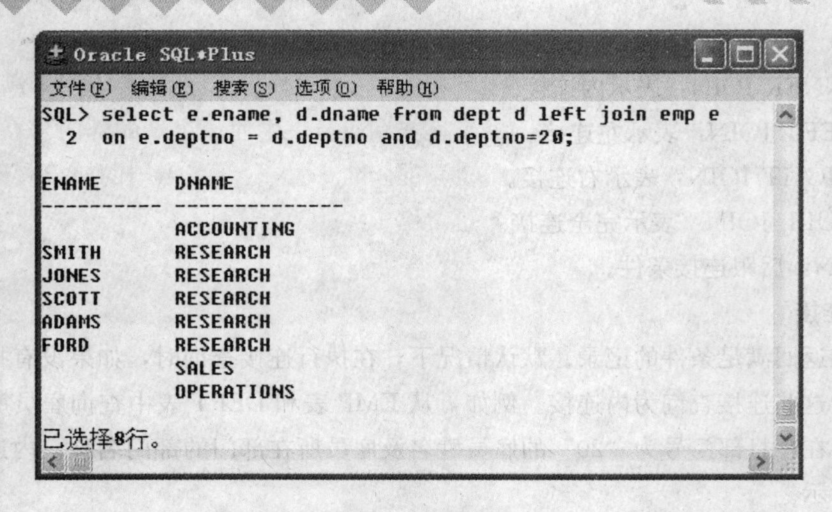

图 5—22　左外连接查询示例

（2）右外连接。右外连接是通过指定 RIGHT [OUTER] JOIN 选项来实现的。当使用右外连接的时候，不仅会返回满足条件的所有记录，而且还会返回不满足条件的连接操作符右边表的其他行。例如，需要从雇员表和部门表里查询雇员表中雇员记录的部门号在部门表里存在且部门号为 20 的雇员名称、对应的部门名称以及非 20 号部门的雇员名称。右外连接查询示例如图 5—23 所示。

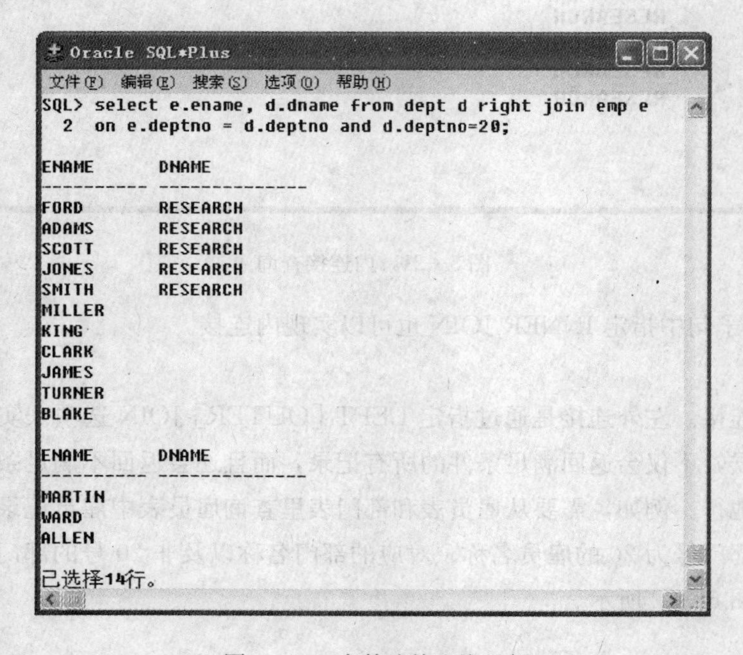

图 5—23　右外连接查询示例

（3）完全外连接。完全外连接是通过指定 FULL［OUTER］JOIN 选项来实现的。当使用完全外连接的时候，不仅会返回满足条件的所有记录，而且还会返回不满足条件的所有其他行。例如，需要从雇员表和部门表里查询雇员表中雇员记录的部门号在部门表里存在且部门号为 20 的雇员名称、对应的 20 号部门名称、非 20 号部门的雇员名称、非 20 号部门的名称。完全连接查询示例如图 5—24 所示。

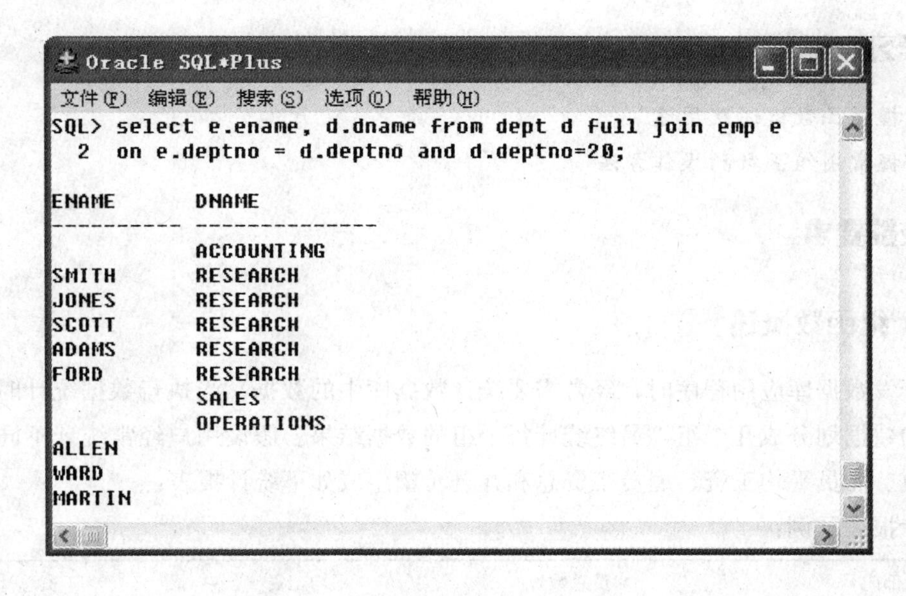

图 5—24　完全连接查询示例

五、注意事项

1. 当使用连接查询时，必须在 FROM 子句后指定两个或两个以上的表。

2. 当使用连接查询时，应当在列名前面加上表名作为前缀，但是如果不同表之间的列名不同，则不需要在列名前面加上表名作为前缀。反之，必须加上表名作为前缀。

3. 当使用连接查询时，必须在 WHERE 子句中指定有效的连接条件（在不同的表列之间进行连接），如果是无效的连接查询，会导致产生笛卡尔集（X ＊ Y）。

4. 可以使用表的别名进行连接查询，这样能够简化连接查询。

学习单元 3 分组聚合查询

学习目标

➢掌握组函数概述及用途

➢掌握常用组函数的操作方法

技能要求

一、组函数概述

在开发数据库应用程序时，经常需要统计数据库中的数据。当执行数据统计时，需要将表中的数据划分成几个组，最终统计每个组的数据结果。假设用户经常统计不同部门的雇员总数、雇员平均工资、雇员工资总和并且希望生成如下统计报表：

统计报表示例：

部门号	雇员总数	平均工资	工资总计
10	2	1600. 05	3200. 10
30	8	4500. 00	36000. 00
60	8	8009. 01	64072. 08
70	1	10000. 00	10000. 00
80	5	5000. 00	25000. 00
100	2	30000. 00	60000. 00

在关系数据库中，数据分组是通过 GROUP BY 子句、分组函数以及 HAVING 子句共同实现的。其中 GROUP BY 子句用于指定要分组的列（例如：empno），而分组函数则用于显示统计结果（如：COUNT、AVG、MIN 等），而 HAVING 子句则用于限制分组显示结果。

1. 分组函数

分组函数用于统计表中的数据。与单行函数不同，分组函数作用于多行，并且返回一个结果，所以有时也称为多行函数。一般情况下，分组函数要与 GROUP BY 子句结合使用。在使用分组函数时，如果忽略了 GROUP BY 子句，就会汇总所有的行，并产生一个结果。Oracle 数据库提供了大量的分组函数，常用的分组函数已经在函数部分介绍过，这里就不再单独对具体函数做解释。

当使用分组函数时，分组函数只能出现在选择列表、ORDER BY 和 HAVING 子句中，而不能出现在 WHERE 和 GROUP BY 子句中。另外，使用分组函数还有以下一些注意事项：

（1）当使用分组函数时，除了函数 COUNT（*）之外，其他分组函数都会忽略 NULL 行。

（2）当执行 SELECT 语句时，如果选择列表同时包含列、表达式、分组函数，那么这些列和表达式必须出现在 GROUP BY 子句中。

（3）当使用分组函数时，分组函数可以指定 ALL 和 DISTINCT 选项。其中 ALL 是默认选项，该选项表示统计所有的行（包括重复的行），DISTINCT 则统计不同行值。

2. GROUP BY 和 HAVING 分组应用

GROUP BY 子句用于对查询结果进行分组统计，而 HAVING 则用于限制分组显示结果。

GROUP BY 和 HAVING 子句的语法如下：

```
SELECT column，group_function
FROM table
[WHERE condition]
[GROUP BY groupby_expr]
[HAVING group condition]；
```

从以上语法规则可以看出，使用 HAVING 可以按条件限制分组。

（1）使用 GROUP BY 进行单列分组。单列分组就是指在 GROUP BY 子句中使用单个列生成分组统计数据。进行单列分组时会基于列的每个不同值生成数据统计结果。例如，下面已显示每个部门平均工资和最高工资为列，说明 GROUP BY 进行单列分组的方法。单列分组查询示例如图 5—25 所示。

（2）使用 GROUP BY 进行多列分组。多列分组就是指在 GROUP BY 子句中使用多个列生成分组统计数据。进行多列分组时会基于多个列的不同值生成数据统计结果。例如，下面以显示每个部门每种岗位的平均工资和最高工资为例，说明 GROUP BY 进行多列分组的方法。多列分组查询示例如图 5—26 所示。

```
Oracle SQL*Plus
文件(F)  编辑(E)  搜索(S)  选项(O)  帮助(H)
SQL> select deptno, avg(sal), max(sal) from emp group by deptno;

    DEPTNO   AVG(SAL)   MAX(SAL)
---------- ---------- ----------
        10 2916.66667       5000
        20       2175       3000
        30 1566.66667       2850

SQL> |
```

图 5—25　单列分组查询示例

```
Oracle SQL*Plus
文件(F)  编辑(E)  搜索(S)  选项(O)  帮助(H)
SQL> select deptno, job, avg(sal), max(sal) from emp group by deptno, job;

    DEPTNO JOB         AVG(SAL)   MAX(SAL)
---------- --------- ---------- ----------
        10 CLERK           1300       1300
        10 MANAGER         2450       2450
        10 PRESIDENT       5000       5000
        20 ANALYST         3000       3000
        20 CLERK            950       1100
        20 MANAGER         2975       2975
        30 CLERK            950        950
        30 MANAGER         2850       2850
        30 SALESMAN        1400       1600

已选择9行。

SQL>
```

图 5—26　多列分组查询示例

（3）使用 HAVING 子句限制分组显示结果。HAVING 子句用于限制分组统计结果，并且 HAVING 子句必须跟在 GROUP BY 子句后面，例如，下面以显示平均工资低于 2500 的部门号、平均工资及最高工资为例，说明 HAVING 子句的用法，如图 5—27 所示。

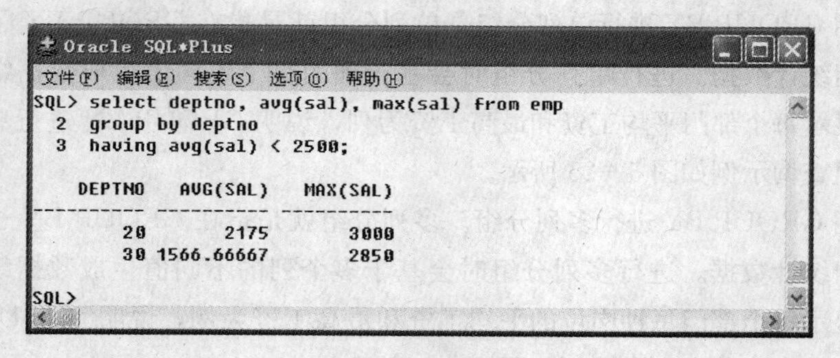

```
Oracle SQL*Plus
文件(F)  编辑(E)  搜索(S)  选项(O)  帮助(H)
SQL> select deptno, avg(sal), max(sal) from emp
  2  group by deptno
  3  having avg(sal) < 2500;

    DEPTNO   AVG(SAL)   MAX(SAL)
---------- ---------- ----------
        20       2175       3000
        30 1566.66667       2850

SQL>
```

图 5—27　HAVING 子句查询示例

注：使用 GROUP BY 子句、WHERE 子句和分组函数有以下注意事项：

1）分组函数只能出现在选择列表、HAVING 子句和 ORDER BY 子句中。

2）如果在 SELECT 子句中同时包含 GROUP BY 子句、HAVING 子句和 ORDER BY 子句，ORDER BY 子句应放在最后。

3）限制分组显示结果时，必须使用 HAVING 子句。

二、常用组函数

分组函数也称为多行函数，它会根据输入的多行数据返回一个结果。分组函数主要用于执行数据的统计或数据汇总操作，并且分组函数只能出现在 SELECT 语句的选择列表、ORDER BY 子句和 HAVING 子句中，不能在 PL/SQL 中直接引用，只能出现在内嵌的 SQL 中，接下来讲解常用的分组函数。

1. AVG（[ALL | DISTINCT | EXPR]）

该函数用于计算平均值。

```
SQL>Select AVG(sal) from emp;
     AVG(sal)
--------------------------------------------------------------------------------
       2073.21429
```

本例中计算雇员表中雇员的平均工资。

2. COUNT（[ALL | DISTINCT | EXPR]）

该函数用于计算返回记录的总计行数。

```
SQL>Select COUNT(sal) from emp;
     COUNT (sal)
--------------------------------------------------------------------------------
             14
```

3. MAX（[ALL | DISTINCT | EXPR]）

该函数用于取得列或表达式的最大值。

```
SQL>Select MAX(sal) from emp;
     MAX (sal)
--------------------------------------------------------------------------------
          5000
```

4. MIN（[ALL | DISTINCT | EXPR]）

该函数用于取得列或表达式的最小值。

```
SQL>Select MIN(sal) from emp;
      MIN (sal)
--------------------------------------------------------------
          800
```

5. SUM ([ALL | DISTINCT | EXPR])

该函数用于取得列或表达式的总和。

```
SQL>Select SUM(sal) from emp;
      SUM (sal)
--------------------------------------------------------------
          29025
```

学习单元 4 子查询

学习目标

➢掌握单行子查询的操作方法

➢掌握多行子查询的操作方法

➢熟悉其他常用子查询的操作方法

知识要求

子查询是指嵌入在其他 SQL 语句中的 SELECT 语句，也叫做嵌套查询。子查询的作用如下：

• 通过在 INSERT 等语句中使用子查询，可以将源表数据插入到目标表中。

• 通过在 CREATE VIEW 等语句中使用子查询，可以定义视图对应的 SELECT 语句。

• 通过在 UPDATE 语句中使用子查询，可以修改一列或多列数据。

• 通过在 WHERE、HAVING 等子句中使用子查询，可以提供查询条件。

根据子查询返回结果的不同，子查询又被分为单行子查询、多行子查询、多列子查询。下面将逐一介绍各种查询。

一、单行子查询

单行子查询是指只返回一行数据的子查询语句。在 WHERE 子句中使用子查询引用。单行子查询可以使用单行比较符（＜＞、＝、＞＝、＜＝、＞、＜）。单行子查询示例如图 5—28 所示。

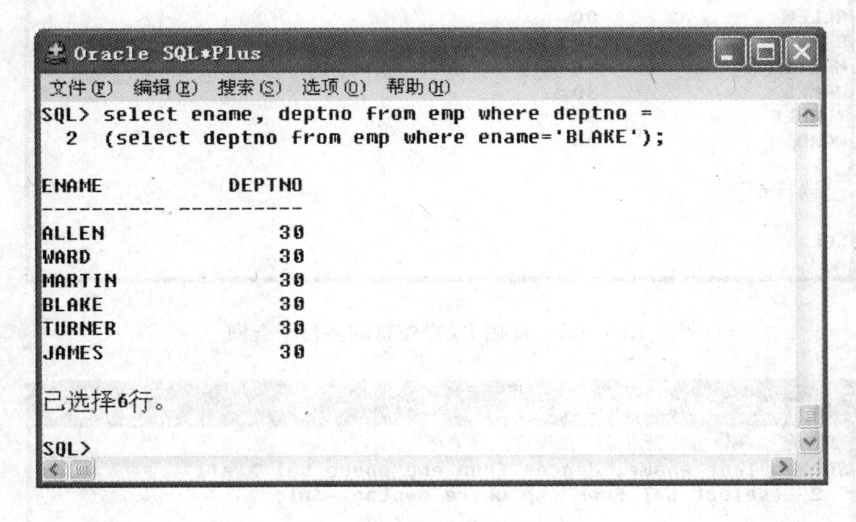

图 5—28 单行子查询示例

二、多行子查询

多行子查询是指返回多行数据的子查询语句。当在 WHERE 子句中使用多行子查询时，必须使用多行比较符（IN，ALL，ANY）。它们的作用如下：

- IN：匹配子查询结果的任意一个值即可。
- ALL：必须要符合子查询的所有结果值。
- ANY：只要符合子查询结果的任意一个值即可。

1. 在多行子查询中使用 IN 操作符

当在多行子查询中使用 IN 操作符时，会处理匹配于子查询任意一个值的行。使用操作符 IN 的多行子查询示例如图 5—29 所示。

2. 在多行子查询中使用 ALL 操作符

ALL 操作符必须与单行操作符结合使用，并且返回行必须匹配于所有子查询结果。

使用 ALL 操作符的多行子查询示例如图 5—30 所示。

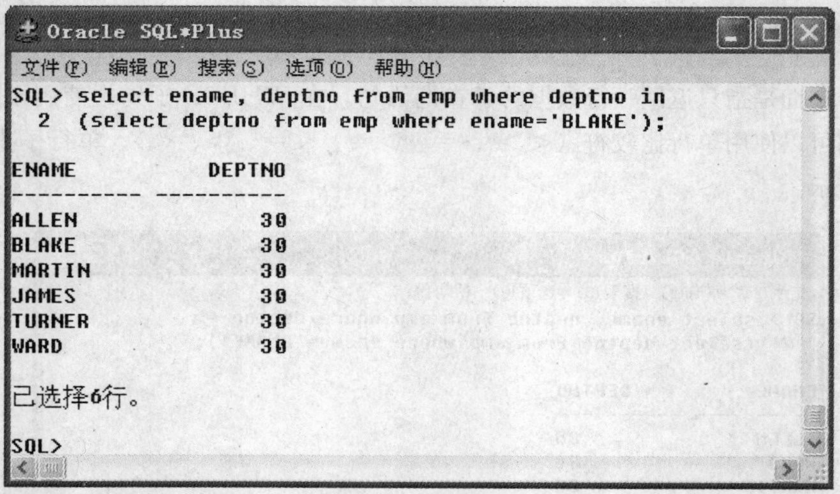

```
Oracle SQL*Plus
文件(F) 编辑(E) 搜索(S) 选项(O) 帮助(H)
SQL> select ename, deptno from emp where deptno in
  2  (select deptno from emp where ename='BLAKE');

ENAME          DEPTNO
---------- ----------
ALLEN              30
BLAKE              30
MARTIN             30
JAMES              30
TURNER             30
WARD               30

已选择6行。

SQL>
```

图 5—29　使用 IN 操作符的多行子查询

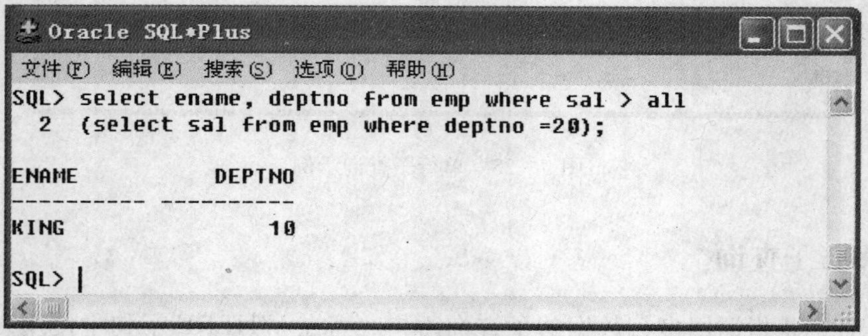

```
Oracle SQL*Plus
文件(F) 编辑(E) 搜索(S) 选项(O) 帮助(H)
SQL> select ename, deptno from emp where sal > all
  2  (select sal from emp where deptno =20);

ENAME          DEPTNO
---------- ----------
KING               10

SQL>
```

图 5—30　使用 ALL 操作符的多行子查询

3. 在多行子查询中使用 ANY 操作符

ANY 操作符必须与单行操作符结合使用，并且返回行匹配于子查询任何一个结果即可。

使用 ANY 操作符的多行子查询示例如图 5—31 所示。

三、多列子查询

单行子查询是指子查询只返回单行单列数据，多行子查询是指查询返回单列多行数据，两者都是针对单列而言的。而多列子查询则是指返回多列数据的子查询语句。多列子查询示例如图 5—32 所示。

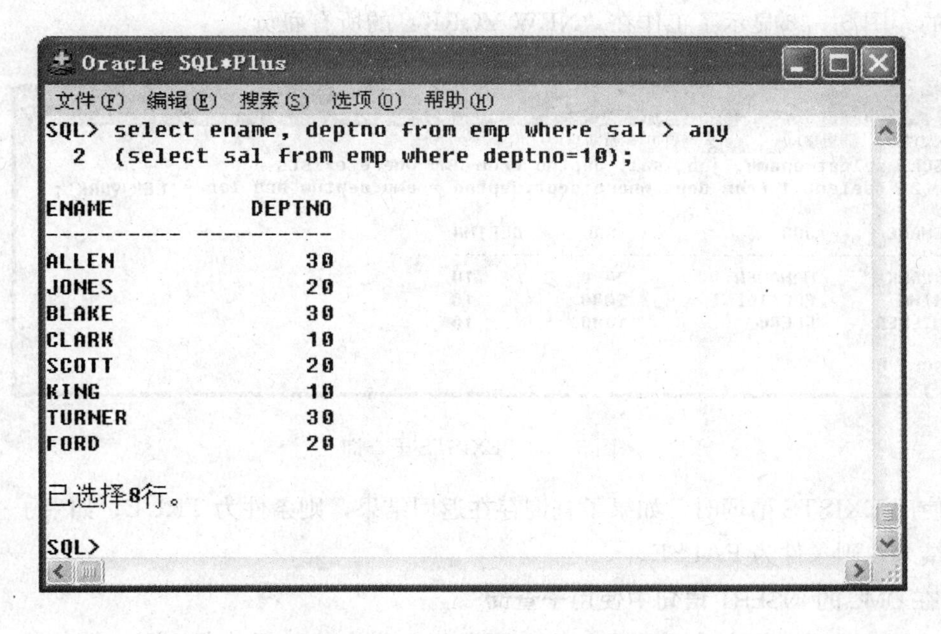

```
SQL> select ename, deptno from emp where sal > any
  2  (select sal from emp where deptno=10);

ENAME          DEPTNO
---------- ----------
ALLEN              30
JONES              20
BLAKE              30
CLARK              10
SCOTT              20
KING               10
TURNER             30
FORD               20

已选择8行。

SQL>
```

图 5—31　使用 ANY 操作符的多行子查询

```
SQL> select ename, job, sal, deptno from emp where (deptno, job) =
  2  (select deptno, job from emp where ename = 'SMITH');

ENAME      JOB              SAL     DEPTNO
---------- --------- ---------- ----------
SMITH      CLERK            800         20
ADAMS      CLERK           1100         20

SQL>
```

图 5—32　多列子查询

四、其他常用子查询

在 WHERE 子句中，除了可以使用单行子查询、多行子查询以及多列子查询外，还可以在相关子查询和 DML 语句中使用子查询等，这里着重介绍相关子查询和在 DML 中使用子查询。

1. 相关子查询

相关子查询是指需要引用主查询列表的子查询语句，相关子查询是通过 EXISTS 谓词来实现的。图5—33显示了工作在“NEW YORK：的所有雇员。

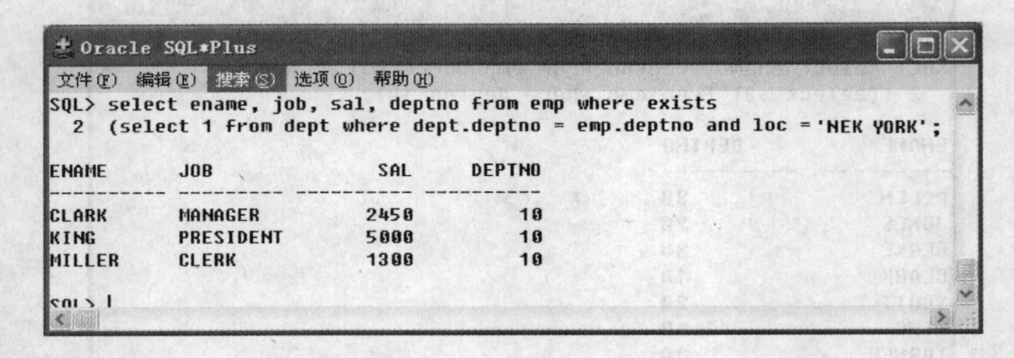

图5—33 EXISTS子查询

当使用EXISTS谓词时，如果子查询存在返回结果，则条件为TRUE；如果子查询没有返回结果，则条件为FALSE。

2. 在DML的INSERT语句中使用子查询

通过在INSERT语句中引用子查询，可以将一张表的数据装载到另一张表中。示例如下：

```
SQL>INSERT INTO employee(id，name)SELECT empno，ename FROM emp;
```

3. 在DML的UPDATE语句中使用子查询

通过在UPDATE语句中引用子查询，可以修改一张表中的部分或全部数据。示例如下：

```
SQL>UPDATE emp SET sal = (SELECT sal FROM emp WHERE ename =' SMITH');
```

4. 在DML的DELETE语句中使用子查询

在这种情况下删除数据的条件是未知的，取决于子查询的结果。示例如下：

```
SQL> DELETE FROM emp
SQL> WHERE sal = (SELECT sal FROM emp WHERE ename ='SMITH');
```

学习单元 5　合并查询

学习目标

➤掌握各种合并查询的操作

知识要求

在对数据库进行查询操作时，常常会碰到这样的问题：要查找的内容在两个或多个不同的数据库表里，查询的输出结果集是这些表的输出结果的总和或各分输出结果的差集等，查询结果必须具有相同的属性和类型列表。这个时候就需要用到数据库的合并查询，即合并多个 SELECT 语句的结果，为此可以采用集合操作符 UNION（并集，结果总集删除重复记录）、UNION ALL（并集，结果总集不删除重复记录）、INTERSECT（交集）、MINUS（差集）。

合并查询的语法规则如下：

```
SELECT 语句 1
<[UNION | UNION ALL | INTERSECT | MINUS]>
SELECT 语句 2
……
```

一、UNION 合并查询

UNION 操作符用于获取两个结果集的并集，该操作会自动过滤掉重复数据行，并按输出结果的第一列进行排序。例如，从雇员表查询出员工工资在 2000 元以上，或者职务是“MANAGER”的员工的名称和职务（要求过滤掉结果总集的重复记录）。使用 UNION 进行合并查询的示例如图 5—34 所示。

二、UNION ALL 合并查询

UNION ALL 操作符用于获取两个结果集的并集，该操作不会过滤掉重复数据行，并且不会按输出结果的任何列进行排序。例如，从雇员表查询出工资在 2000 元以上，或者

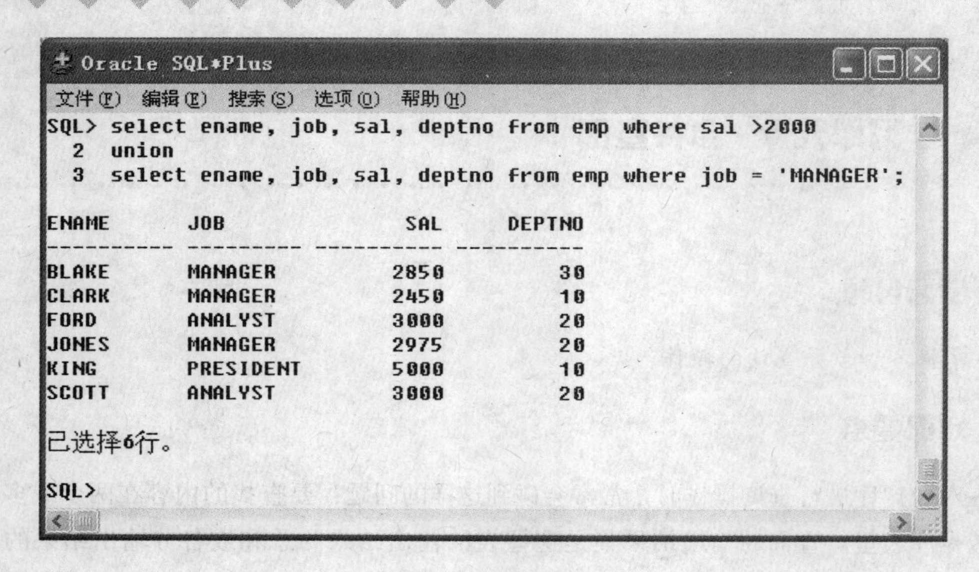

图 5—34　UNION 合并查询

职务是“MANAGER”的员工的名称和职务。

使用 UNION ALL 进行合并查询的示例如图 5—35 所示。

```
Oracle SQL*Plus
文件(F) 编辑(E) 搜索(S) 选项(O) 帮助(H)
SQL> select ename, job, sal, deptno from emp where sal >2000
  2  union all
  3  select ename, job, sal, deptno from emp where job = 'MANAGER';

ENAME      JOB              SAL     DEPTNO
---------- --------- ---------- ----------
JONES      MANAGER         2975         20
BLAKE      MANAGER         2850         30
CLARK      MANAGER         2450         10
SCOTT      ANALYST         3000         20
KING       PRESIDENT       5000         10
FORD       ANALYST         3000         20
JONES      MANAGER         2975         20
BLAKE      MANAGER         2850         30
CLARK      MANAGER         2450         10

已选择9行。

SQL> |
```

图 5—35　UNION ALL 合并查询

三、INTERSECT 合并查询

INTERSECT 操作符用于获取两个结果集的交集。当使用该操作符时，只会显示同时存在于两个结果集中的数据，并且会以第一列进行排序。例如，从雇员表中查询出工资在 2000 元以上，而且职务是“MANAGER”的员工的名称和职务。

使用 INTERSECT 进行合并查询的示例如图 5—36 所示。

```
Oracle SQL*Plus
文件(F) 编辑(E) 搜索(S) 选项(O) 帮助(H)
SQL> select ename, job, sal, deptno from emp where sal >2000
  2  intersect
  3  select ename, job, sal, deptno from emp where job = 'MANAGER';

ENAME      JOB              SAL     DEPTNO
---------- --------- ---------- ----------
BLAKE      MANAGER         2850         30
CLARK      MANAGER         2450         10
JONES      MANAGER         2975         20

SQL> |
```

图 5—36　INTERSECT 合并查询

四、MINUS 合并查询

MINUS 操作符用于获取两个结果集的差集。使用该操作符时，只会显示在第一个结果集中存在，在第二个结果集中不存在的数据集，并会按照第一列排序。例如，从雇员表中查询出工资在 2000 元以上，但职务非“MANAGER”的员工的名称和职务。

使用 MINUS 进行合并查询的示例如图 5—37 所示。

```
Oracle SQL*Plus
文件(F) 编辑(E) 搜索(S) 选项(O) 帮助(H)
SQL> select ename, job, sal, deptno from emp where sal >2000
  2  minus
  3  select ename, job, sal, deptno from emp where job = 'MANAGER';

ENAME      JOB              SAL     DEPTNO
---------- --------- ---------- ----------
FORD       ANALYST         3000         20
KING       PRESIDENT       5000         10
SCOTT      ANALYST         3000         20

SQL> |
```

图 5—37　MINUS 合并查询

五、其他复杂查询

为了在 SQL 语句中使用 IF…THEN…ELSE 语法，可以使用 CASE 表达式，同时可以使用 WHEN 子句指定条件语句。

例如，对雇员表中的雇员工资进行查询分级，将工资在 3000 元以上的定为最高级（第三级）工资，将工资大于 200 元且小于等于 3000 元的定为第二级工资，将其他情况定为第一级工资。查询并输出员工工资、员工名称及工资级别。

使用 CASE 表达式查询示例如图 5—38 所示。

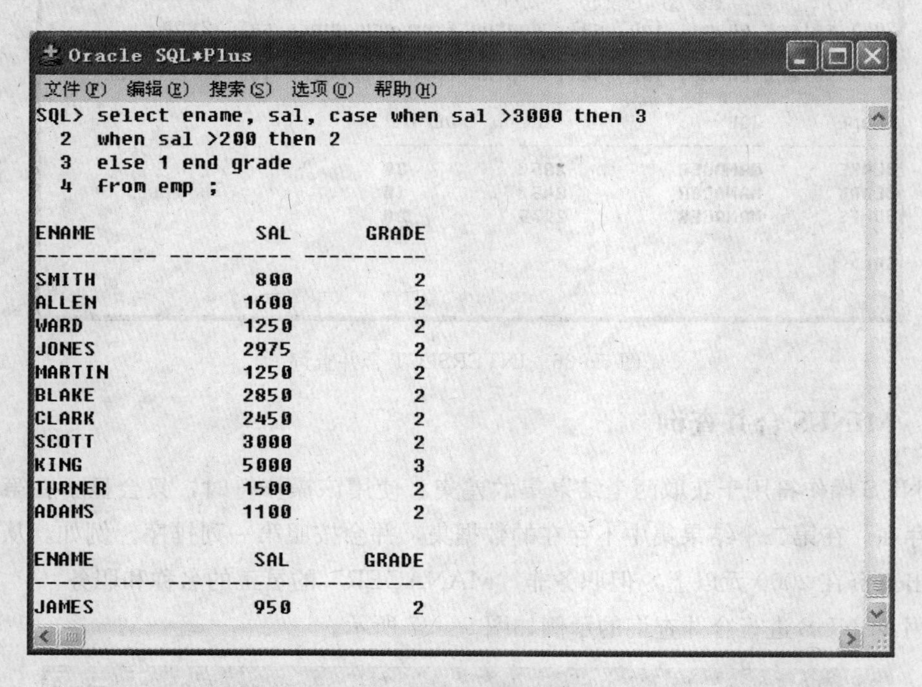

图 5—38　CASE 表达式查询

第 6 章

Oracle 数据库管理应用

第1节　数据库用户、角色、权限管理

学习单元1　创建、修改、删除用户

学习目标

➢掌握 Oracle 用户的作用

➢能够熟练创建、修改、删除用户

➢熟悉与用户相关的权限

技能要求

一、用户的定义

数据库用户是连接数据库、访问数据库对象、用于存储用户创建对象的一个模式。一个用户如果要对某一数据库进行操作，必须满足以下三个条件：

1. 登录 Oracle 服务器时必须通过身份验证。

2. 必须是该数据库的用户或者是某一数据库角色的成员。

3. 必须有执行该操作的权限。

Oracle 有一套严格的用户管理机制，新创建的用户只有通过管理员授权才能获得系统数据库的使用权限，否则该用户只有连接数据库的权利。正是有了这一套严格的安全管理机制，才保证了数据库系统的正常运转，确保数据信息不泄露。

二、创建用户

现在来了解如何创建用户账号，这里是通过 SQL 命令进行用户账号创建的，创建用户的语法格式如下所示：

```
CREATE USER 用户名 IDENTIFIED BY 口令
[DEFAULT TABLESPACE 默认表空间]
[TEMPORARY TABLESPACE 临时表空间]
[QUOTA[数值 K| M] | [UMLIMITED] ON 表空间名]
[PROFILE 概要文件名]
[ACCOUNT LOCK] | [ACCOUNT UNLOCK]
```

说明：

1. QUOTA：限制表空间的使用量。
2. UMLIMITED：不限制表空间的使用量。
3. ACCOUNT LOCK：新创建的用户为锁定状态。
4. ACCOUNT UNLOCK：新创建的用户为未锁定状态。

当使用 CREATE USER 语句创建用户时，该用户权限域为空，如果新创建的用户需要登录数据库，需要赋予用户登录的权限，具体与权限有关的内容将在后面讲解。

【例 6—1】 创建一个 SCOTT 用户，并给该用户赋予系统预定义的连接角色，代码执行情况如下：

```
SQL> CREATE USER SCOTT
  2  PROFILE DEFAULT
  3  IDENTIFIED BY TIGER
  4  ACCOUNT UNLOCK;

用户已创建。

SQL> GRANT CONNECT TO SCOTT;

授权成功。

SQL>
```

现在来了解一下用户有哪几种状态。在 Oracle 里用户存在两种状态，分别为用户锁定状态及用户未锁定状态，作为数据库管理员（DBA），可以通过对用户的状态进行相应的操作，使用户可用或不可用。

（1）对未锁定的用户进行锁定操作，在这种状态下锁定的用户无法进行数据的登录操作。

（2）对锁定的用户进行解锁操作后，具有登录权限的用户可以正常登录，并能执行本用户权限内的相关操作。

三、修改用户

用户的属性并不是赋予后就不能进行权限的变更，可以通过 SQL 命令对用户进行属性的修改或变更，修改用户的语法格式如下所示：

```
ALTER USER 用户名 IDENTIFIED BY 口令
[DEFAULT TABLESPACE 默认表空间]
[TEMPORARY TABLESPACE 临时表空间]
[QUOTA[数值 K| M] | [ UMLIMITED] ON 表空间名]
[PROFILE 概要文件名]
[ACCOUNT LOCK ] | [ACCOUNT UNLOCK]
```

说明：

1. QUOTA：限制表空间的使用量。

2. UMLIMITED：不限制表空间的使用量。

3. ACCOUNT LOCK：新创建的用户为锁定状态。

4. ACCOUNT UNLOCK：新创建的用户为未锁定状态。

上面的语法说明了 Oracle 允许修改用户的默认表空间、临时表空间、使用的表空间是否有额度的限制、允许变更概要文件名以及用户的锁定及解锁，下面将举例说明。

【例 6—2】 现需要把 SCOTT 用户的密码修改为“TIGER”，并限定 SCOTT 用户在最大限度内使用 20 MB 的 USERS 表空间，代码执行情况如下：

```
SQL> ALTER USER SCOTT
     2  IDENTIFIED BY TIGER
     3  QUOTA 20M ON USERS;

用户已更改。

SQL>
```

【例 6—3】 锁定 SCOTT 用户，代码执行情况如下：

```
SQL> ALTER USER SCOTT ACCOUNT LOCK;

用户已更改。

SQL>
```

【例 6—4】 将 SCOTT 用户解锁，代码执行情况如下：

```
SQL> ALTER USER SCOTT ACCOUNT UNLOCK;

用户已更改。

SQL>
```

四、删除用户

当用户不再有用时，可通过 SQL 命令删除用户，详见下面的删除用户的语法格式，其中 CASCADE 表示级联，即删除用户之前，先删除该用户所拥有的所有对象，语法如下所示：

```
DROP USER 用户名[CASCADE];
```

需要注意：对用户进行删除操作时，如果用户下有对象（如：表、视图、索引等），Oracle 将会抛出 ORA－01922 的错误，该错误提示 DBA 该用户下有对象，如果确定要进行删除操作，需要使用 CASCADE 关键字，如图 6—1 所示。

```
SQL> DROP USER SCOTT;
DROP USER SCOTT
*
第 1 行出现错误：
ORA-01922: 必须指定 CASCADE 以删除 'SCOTT'


SQL>
```

图 6—1 删除用户异常信息 1

值得注意的是，使用CASCADE关键字后，将会删除该用户下的所有对象，包含用户下的表、视图、函数、存储过程、同义词、物化视图等，该命令一旦执行，将无法回滚被删除的对象。

在删除时需要先查看将要删除的用户是否正在连接数据库，因为正在连接的用户Oracle是不允许删除的，如图4—2所示。

```
SQL> drop user test1;
drop user test1
*
第 1 行出现错误:
ORA-01940: 无法删除当前已连接的用户
```

图6—2 删除用户异常信息2

如果用户正在连接，可以通过查询V＄SESSION动态性能视图，查询出要删除的用户正在使用哪些进程，将查询出来的进程全部删除后，方可删除该用户。

【例6—5】 现需要对SCOTT用户进行删除操作，并且需要删除该用户下的所有对象，代码执行情况如下：

```
SQL> DROP USER SCOTT CASCADE;

用户已删除。

SQL>
```

【例6—6】 现需要删除TEST1用户，但该用户正在连接，首先查询出正在连接的进程，接着删除这些进程后再执行删除用户的命令，代码执行情况如下：

```
SQL> select sid, serial#, username, status from v$session where username = 'TEST1';
    SID    SERIAL#  USERNAME                  STATUS
------ ------ ------------------ --------
    131        174  TEST1                     INACTIVE

SQL> alter system kill session '131, 174';
```

```
系统已更改。

SQL> drop user test1 cascade;

用户已删除。

SQL>
```

五、用户权限

Oracle 数据库利用授权机制来管理数据库用户及其对象的访问控制及安全，所以用户必须被授予相应的权限，才能在数据库中进行相对应的操作。在 Oracle 数据库里，权限可以分为系统权限和对象权限两大类，下面分别讲解这两类权限。

系统权限：该权限可以建立、修改和删除各种数据库结构，允许对特定对象执行操作，如启动数据库、关闭数据库等。

对象权限：由具有权限的用户建立、修改和删除的对象，该对象只对有权限的用户开放使用，对没有权限的用户为不可见。

在新建立的数据库里，可以通过具有 DBA 权限的用户将对应的权限授予用户，当然也可以通过 DBA 权限的用户回收权限。

表 6—1 列出了常用的权限。

表 6—1　　　　常 用 权 限

权　限	说　明
alter any cluster	修改任意簇的权限
alter any index	修改任意索引的权限
alter any role	修改任意角色的权限
alter any sequence	修改任意序列的权限
alter any snapshot	修改任意快照的权限
alter any table	修改任意表的权限
alter any trigger	修改任意触发器的权限
alter cluster	修改拥有簇的权限
alter database	修改数据库的权限

续表

权　限	说　明
alter procedure	修改拥有的存储过程权限
alter profile	修改资源限制简表的权限
alter resource cost	设置资源开销的权限
alter rollback segment	修改回滚段的权限
alter sequence	修改拥有的序列权限
alter session	修改数据库会话的权限
alter system	修改数据库服务器设置的权限
alter table	修改拥有的表权限
alter tablespace	修改表空间的权限
alter user	修改用户的权限
analyze	使用 analyze 命令分析数据库中任意的表、索引和簇
audit any	为任意的数据库对象设置审计选项
audit system	允许系统操作审计
backup any table	备份任意表的权限
become user	切换用户状态的权限
commit any table	提交表的权限
create any cluster	为任意用户创建簇的权限
create any index	为任意用户创建索引的权限
create any procedure	为任意用户创建存储过程的权限
create any sequence	为任意用户创建序列的权限
create any snapshot	为任意用户创建快照的权限
create any synonym	为任意用户创建同义词的权限
create any table	为任意用户创建表的权限
create any trigger	为任意用户创建触发器的权限
create any view	为任意用户创建视图的权限
create cluster	为用户创建簇的权限
create database link	为用户创建数据链路的权限
create procedure	为用户创建存储过程的权限
create profile	创建资源限制简表的权限
create public database link	创建公共数据库链路的权限

续表

权　　限	说　　明
create public synonym	创建公共同义词的权限
create role	创建角色的权限
create rollback segment	创建回滚段的权限
create session	创建会话的权限
create sequence	为用户创建序列的权限
create snapshot	为用户创建快照的权限
create synonym	为用户创建同义词的权限
create table	为用户创建表的权限
create tablespace	创建表空间的权限
create user	创建用户的权限
create view	为用户创建视图的权限
delete any table	删除任意表行的权限
delete any view	删除任意视图行的权限
delete snapshot	删除快照中行的权限
delete table	为用户删除表行的权限
delete view	为用户删除视图行的权限
drop any cluster	删除任意簇的权限
drop any index	删除任意索引的权限
drop any procedure	删除任意存储过程的权限
drop any role	删除任意角色的权限
drop any sequence	删除任意序列的权限
drop any snapshot	删除任意快照的权限
drop any synonym	删除任意同义词的权限
drop any table	删除任意表的权限
drop any trigger	删除任意触发器的权限
drop any view	删除任意视图的权限
drop profile	删除资源限制简表的权限
drop public cluster	删除公共簇的权限
drop public database link	删除公共数据链路的权限
drop public synonym	删除公共同义词的权限

续表

权　　限	说　　明
drop rollback segment	删除回滚段的权限
drop tablespace	删除表空间的权限
drop user	删除用户的权限
execute any procedure	执行任意存储过程的权限
execute function	执行存储函数的权限
execute package	执行存储包的权限
execute procedure	执行用户存储过程的权限
force any transaction	管理未提交的任意事务的输出权限
force transaction	管理未提交的用户事务的输出权限
grant any privilege	授予任意系统特权的权限
grant any role	授予任意角色的权限
index table	给表加索引的权限
insert any table	向任意表中插入行的权限
insert snapshot	向快照中插入行的权限
insert table	向用户表中插入行的权限
insert view	向用户视图中插行的权限
lock any table	给任意表加锁的权限
manager tablespace	管理（备份可用性）表空间的权限
references table	参考表的权限
restricted session	创建有限制的数据库会话的权限
select any sequence	选择任意序列的权限
select any table	选择任意表的权限
select snapshot	选择快照的权限
select sequence	选择用户序列的权限
select table	选择用户表的权限
select view	选择视图的权限
unlimited tablespace	对表空间大小不加限制的权限
update any table	更新任意表中行的权限
update snapshot	更新快照中行的权限
update table	更新用户表中行的权限
update view	更新视图中行的权限

学习单元2 创建、修改、删除角色

学习目标

➢掌握 Oracle 角色的定义及角色的作用

➢能够熟练创建、修改、删除以及启用角色

技能要求

一、角色的定义

Oracle 角色是对用户权限的一个集合的命名，当数据库较小、访问数据库的用户不多的时候，对用户在每个表上要求的特定访问进行授权是不需要耗费多少时间的事情。但是，随着数据库对象的增加以及用户数量的增大，数据库的维护将会成为很麻烦的事情。在实际的权限分配方案中，通常通过运用角色来解决相关问题，一般是由 DBA 为数据库定义一系列的角色，然后再由 DBA 将权限分配给基于这些角色的用户。

权限可以划分为系统预定义角色和用户角色两种，下面将分别讲解这两种角色。

二、创建角色

现在来了解如何创建用户角色，创建的方法是通过 SQL 命令进行用户创建，创建角色的语法格式如下所示：

```
CREATE ROLE 角色名称
[NOT IDENTIFIED]
[IDENTIFIED BY password | EXTERNALLY | GLOBALLY];
```

说明：

1. NOT IDENTIFIED：该角色由数据库授权，不需要口令使该角色生效。

2. IDENTIFIED：在用 SET ROLE 语句使该角色生效之前，必须由指定的方法来授权一个用户。

3. BY password：创建一个局部用户，在使角色生效之前，用户必须指定 password 定义的口令；口令只能是数据库字符集中的单字节字符。

4. EXTERNALLY：创建一个外部用户，在使角色生效之前，必须由外部服务（如操作系统）来授权用户。

5. GLOBALLY：创建一个全局用户，在利用SET ROLE语句使角色生效前或在登录时，用户必须由企业目录服务授权使用该角色。

通常建立角色有以下两个目的：

（1）为数据库应用程序管理权限。

（2）为用户组管理权限。

在了解建立角色的目的后，下面将举例讲解如何创建角色，例如创建一个新角色，该角色名为MYROLE，并给该角色赋予创建会话的权限、创建表的权限、创建视图的权限以及创建存储过程的权限，代码执行情况如下：

```
SQL> create role myrole;

角色已创建。

SQL> grant create session to myrole;

授权成功。

SQL> grant create table to myrole;

授权成功。

SQL> grant create view to myrole;

授权成功。

SQL> grant create procedure to myrole;

授权成功。

SQL>
```

三、修改角色

当自定义角色的属性发生变更时，可以通过 ALTER ROLE 命令进行属性的修改，修改角色的语法格式如下所示：

```
ALTER ROLE role_name
[NOT IDENTIFIED]
[IDENTIFIED BY password | EXTERNALLY | GLOBALLY]
```

说明：

NOT IDENTIFIED：该角色由数据库授权，不需要口令使该角色生效。

IDENTIFIED：在用 SET ROLE 语句使该角色生效之前，必须用指定的方法来授权一个用户。

BY password：创建一个局部用户，在使角色生效之前，用户必须指定 password 定义的口令；口令只能是数据库字符集中的单字节字符。

EXTERNALLY：创建一个外部用户，在使角色生效之前，必须由外部服务（如操作系统）来授权用户。

GLOBALLY：创建一个全局用户，在利用 SET ROLE 语句使角色生效前或在登录时，用户必须由企业目录服务授权使用该角色。

上面的语法说明了 Oracle 允许修改角色的口令及口令的验证方式，下面将举例说明。

【例 6—7】 将 MYROLE 角色修改为需要口令验证，验证的口令为 oracle，代码执行情况如下：

```
SQL> alter role myrole identified by oracle;

角色已丢弃。

SQL>
```

四、删除角色

当用户角色不再有用时，可以通过 SQL 命令删除角色，在删除角色时，Oracle 会从该角色授予的用户和角色中回收被删除的角色，并从数据库中删除，语法如下所示：

```
DROP ROLE 角色名;
```

【例 6—8】 删除 MYROLE 用户角色，代码执行情况如下：

```
SQL> drop role myrole;

角色已删除。

SQL>
```

五、启用角色

对于设置了口令验证的角色，在使用时需要对用户进行角色启用或禁用的操作。启用角色后，被启用的用户将能使用该角色的权限，语法如下所示：

```
SET ROLE 角色名;
```

【例 6—9】 用户 myuser 具有 myrole 的用户角色，该角色具有创建表的权限，当角色 myrole 不启用时不能创建表，当角色 myrole 启用后才能使用创建表的权利，代码执行情况如下：

```
SQL> conn myuser
输入口令:
已连接。
SQL> set role none; --关闭当前用户下的所有角色

角色集

SQL> create table test(id number(10), name varchar2(30))tablespace users;
create table test(id number(10), name varchar2(30))tablespace users
*
第 1 行出现错误:
ORA-01031: 权限不足


SQL> set role myrole identified by myrolepwd; --启动 myrole 角色集
```

```
SQL> create table test(id number(10), name varchar2(30))tablespace users;

表已创建。

SQL>
```

六、预定义角色

Oracle 10g 中预定义角色可以通过字典表 DBA _ ROLES 进行查询，在实例创建后系统将会自动创建一些预定义角色，由于各个版本的预定义角色会有所不同，下面是在 Oracle 10g 版本为 10.2.0.1.0 里查询到的预定义角色：

```
连接到：
Oracle Database 10g Enterprise Edition Release 10.2.0.1.0—Production
With the Partitioning, OLAP and Data Mining options


SQL> select * from dba_roles;


ROLE                            PASSWORD
------------------------------ --------
CONNECT                         NO
RESOURCE                        NO
DBA                             NO
SELECT_CATALOG_ROLE             NO
EXECUTE_CATALOG_ROLE            NO
DELETE_CATALOG_ROLE             NO
EXP_FULL_DATABASE               NO
IMP_FULL_DATABASE               NO
RECOVERY_CATALOG_OWNER          NO
GATHER_SYSTEM_STATISTICS        NO
LOGSTDBY_ADMINISTRATOR          NO
AQ_ADMINISTRATOR_ROLE           NO
```

```
AQ_USER_ROLE                          NO
GLOBAL_AQ_USER_ROLE                   GLOBAL
SCHEDULER_ADMIN                       NO
HS_ADMIN_ROLE                         NO
AUTHENTICATEDUSER                     NO
OEM_ADVISOR                           NO
OEM_MONITOR                           NO
WM_ADMIN_ROLE                         NO
JAVAUSERPRIV                          NO
JAVAIDPRIV                            NO
JAVASYSPRIV                           NO
JAVADEBUGPRIV                         NO
EJBCLIENT                             NO
JAVA_ADMIN                            NO
JAVA_DEPLOY                           NO
CTXAPP                                NO
XDBADMIN                              NO
XDBWEBSERVICES                        NO
OLAP_DBA                              NO
OLAP_USER                             NO
MGMT_USER                             NO

已选择 33 行。

SQL>
```

下面列出了常用的预定义角色：

1. DBA：几乎所有的系统权限以及某些角色。

2. SELECT _ CATALOG _ ROLE：所有目录的表和视图的 SELECT 权限，未被授予任何系统权限。

3. DELETE _ CATALOG _ ROLE：所有数据字典程序包、过程与函数上的对象 DELETE 权限。

4. EXECUTE _ CATALOG _ ROLE：所有数据字典程序包上的 EXECUTE 权限。

5. EXP _ FULL _ DATABASE：从数据库中导出数据时查询任何表或序列，执行任何过程或类型以及修改数据字典对象权限。

6. IMP _ FULL _ DATEBASE：执行导入时，在数据库内除了 SYS 模式之外的任何模式中创建对象的权限。

7. CONNECT：被授予 CREATE SESSION 权限。

8. RESOURCE：被授予 CREATE SEQUENCE、CREATE TRIGGER、CREATE CLUSTER、CREATE PROCEDURE、CREATE TYPE、CREATE OPERATOR、CREATE TABLE、CREATE INDEXTYPE 权限。

第 2 节　数据库备份、还原和导入导出

学习单元 1　数据库备份

学习目标

➢掌握数据库备份的概念及作用
➢熟悉 RMAN 备份操作

知识要求

一、数据库备份概述

1. 数据库备份概念

数据库备份简单地说就是对数据进行复制，该类型备份能对数据库中的控制文件、存档日志、数据文件等进行操作。

2. 数据库备份作用

无论数据库系统如何精心设计、配置和优化，都难免会出现操作系统或硬件的故障，

这时候如果数据库中的数据遭到损坏，就可以从数据库备份中恢复已经备份的数据，从而将损失减少到最小。

二、数据库备份的一般操作

1. 选择备份类型

备份 Oracle 数据库有多种方式，每种方式提供了不同的保护机制。Oracle 提供了以下几种备份方式：

（1）全数据库备份：备份所有的数据文件及控制文件。

（2）表空间备份：备份单个表空间。

（3）数据文件备份：备份单个数据文件。

（4）控制文件备份：备份控制文件。

（5）存档日志备份：备份存档日志文件。

2. 选择备份方法

（1）Recovery Manager 程序。即用于进行 Oracle 数据库的备份、恢复操作，可用于备份或恢复数据文件、控制文件和存档的重要日志。

（2）Export 导出。Oracle Export 程序将数据按 Oracle 数据库格式从 Oracle 数据库中输出到文件中。

（3）通过操作系统备份。通过操作系统命令，实现对 Oracle 数据库文件的备份。

3. 设定备份周期及时间

由于选择的备份方法不同，可将备份周期分为以下两种：

（1）一次性备份。即按指定备份内容及备份方式进行一次性数据库备份操作。

（2）周期性循环备份。根据定制的备份周期，按照选择的备份方式进行自动或手动的备份操作。

4. 查看备份日志

当备份完成后，查看日志是确保数据库备份成功的最好方法。如果发现备份失败，可以从日志中查找失败的原因并解决该问题，确保下次能成功进行备份。

5. 备份测试

对于已经备份的最后数据，要进行不定期的测试，以确定该备份是否完整，以及是否具有还原数据。

三、Recovery Manager 备份命令

1. 完全备份

使用RMAN 进行数据库实例的完全备份只需要一个简单的命令，在 RMAN 的命令交互模式内执行“backup database;”，命令执行情况如下：

```
RMAN> backup database;

启动 backup 于 21-12 月 -12
分配的通道：ORA_DISK_1
通道 ORA_DISK_1：sid=138 devtype=DISK
通道 ORA_DISK_1：启动全部数据文件备份集
通道 ORA_DISK_1：正在指定备份集中的数据文件
输入数据文件 fno=00001 name=+DISK1/px/datafile/system.256.774121927
输入数据文件 fno=00003 name=+DISK1/px/datafile/sysaux.257.774121929
输入数据文件 fno=00002 name=+DISK1/px/datafile/undotbs1.258.774121929
输入数据文件 fno=00004 name=+DISK1/px/datafile/users.259.774121929
通道 ORA_DISK_1：正在启动段 1 于 21-12 月 -12
通道 ORA_DISK_1：已完成段 1 于 21-12 月 -12
段句柄 = + DISK1/px/backupset/2012 _ 12 _ 21/nnndf0 _ tag20120415t143542 _ 0.
270.780676543
段句柄 = + DISK1/px/backupset/2012 _ 12 _ 21/nnndf0 _ tag20120415t143542 _ 0.
270.780676543
标记=TAG20120415T143542 注释=NONE
通道 ORA_DISK_1：备份集已完成，经过时间:00:00:36
通道 ORA_DISK_1：启动全部数据文件备份集
通道 ORA_DISK_1：正在指定备份集中的数据文件
备份集中包括当前控制文件
在备份集中包含当前的 SPFILE
通道 ORA_DISK_1：正在启动段 1 于 21-12 月 -12
通道 ORA_DISK_1：已完成段 1 于 21-12 月 -12
```

```
段句柄=+DISK1/px/backupset/2012_12_21/ncsnf0_tag20120415t143542_0.271.
780676583 段句柄=+DISK1/px/backupset/2012_12_21/ncsnf0_tag20120415t143542_
0.271.780676583 标记=TAG20120415T143542 注释=NONE
通道 ORA_DISK_1：备份集已完成，经过时间:00:00:05
完成 backup 于 21-12月 -12

RMAN>
```

2. 备份表空间

由于备份策略的不同，有时只需要对表空间进行备份，此时只需要在 RMAN 的交互模式下指定要备份的表空间就能进行表空间备份，例如，执行对 SYSTEM 表空间的备份，命令执行情况如下：

```
RMAN> backup tablespace system;


启动 backup 于 21-12月 -12
使用通道 ORA_DISK_1
通道 ORA_DISK_1：启动全部数据文件备份集
通道 ORA_DISK_1：正在指定备份集中的数据文件
输入数据文件 fno=00001 name=+DISK1/px/datafile/system.256.774121927
通道 ORA_DISK_1：正在启动段 1 于 21-12月 -12
通道 ORA_DISK_1：已完成段 1 于 21-12月 -12
段句柄=+DISK1/px/backupset/2012_12_21/nnndf0_tag20120415t144534_0.272.
780677135 段句柄=+DISK1/px/backupset/2012_12_21/nnndf0_tag20120415t144534_
0.272.780677135 标记=TAG20120415T144534 注释=NONE
通道 ORA_DISK_1：备份集已完成，经过时间:00:00:35
通道 ORA_DISK_1：启动全部数据文件备份集
通道 ORA_DISK_1：正在指定备份集中的数据文件
备份集中包括当前控制文件
在备份集中包含当前的 SPFILE
通道 ORA_DISK_1：正在启动段 1 于 21-12月 -12
通道 ORA_DISK_1：已完成段 1 于 21-12月 -12
```

```
段句柄 = + DISK1/px/backupset/2012_12_21/ncsnf0_tag20120415t144534_0.273.
780677175 段句柄=+DISK1/px/backupset/2012_12_21/ncsnf0_tag20120415t144534_
0.273.780677175 标记=TAG20120415T144534 注释=NONE
通道 ORA_DISK_1：备份集已完成，经过时间:00:00:10
完成 backup 于 21-12 月 -12

RMAN>
```

3. 备份归档日志

由于备份策略的不同，有时只需要对归档日志进行备份，此时只需要在 RMAN 的交互模式下指定要备份归档日志，命令执行情况如下：

```
RMAN> backup archivelog all;

启动 backup 于 21-12 月 -12
当前日志已存档
使用通道 ORA_DISK_1
通道 ORA_DISK_1：正在启动存档日志备份集
通道 ORA_DISK_1：正在指定备份集中的存档日志
输入存档日志线程 =1 序列 =19 记录 ID=1 时间戳=780677260
通道 ORA_DISK_1：正在启动段 1 于 21-12 月 -12
通道 ORA_DISK_1：已完成段 1 于 21-12 月 -12
段句柄 = + DISK1/px/backupset/2012_12_21/annnf0_tag20120415t144740_0.275.
780677263 段句柄=+DISK1/px/backupset/2012_12_21/annnf0_tag20120415t144740_
0.275.780677263 标记=TAG20120415T144740 注释=NONE
通道 ORA_DISK_1：备份集已完成，经过时间:00:00:05
完成 backup 于 21-12 月 -12

RMAN>
```

学习单元 2　数据库还原

学习目标

- 掌握数据库还原的概念及作用
- 熟悉 RMAN 还原操作

知识要求

一、数据库还原的概念及作用

1. 数据库还原的概念

在数据库运行中发生了这样或者那样的故障，或者由于操作系统问题、设备磁盘损坏等问题造成数据丢失，甚至于数据库无法启动，这时为了将损失减少到最小，需要对备份数据进行恢复。

2. 数据库还原的作用

由于各种操作问题或设备故障造成数据丢失的时候，使用备份能将上次备份的数据恢复到数据库中，可以减少数据丢失的损失。

二、数据库还原步骤

1. 选择数据还原的方式

由于数据还原方式是依据备份方式的不同而不同，所以选择的还原方式要基于备份的方式选择相应的还原操作。

2. 获取数据库备份

从所有备份中选择最近的一次可用备份。

3. 执行数据还原操作

在获取到最近的备份数据后，开始进行数据还原，将丢失的数据还原到数据库中。

4. 查看日志

在完成数据还原后，通过查看日志对整个还原过程进行分析，并在数据库中查询数据，看能否成功进入到数据库内。如还原中没有错误并已经能在数据库查询到相关数据，那么这是一次成功的数据还原。

三、Recovery Manager 还原命令

由于各种原因导致表空间损坏，但是由于备份策略有最后的 RMAN 备份，这样就可以通过 RMAN 进行表空间恢复，命令执行情况如下：

```
RMAN> startup mount;

已连接到目标数据库（未启动）
Oracle 实例已启动
数据库已装载

系统全局区域总计          285212672   字节

Fixed Size                           1218992   字节
Variable Size                       83887696   字节
Database Buffers                   197132288   字节
Redo Buffers                         2973696   字节

RMAN> restore tablespace users;

启动 restore 于 21-12 月 -12
分配的通道：ORA_DISK_1
通道 ORA_DISK_1：sid=157 devtype=DISK

通道 ORA_DISK_1：正在开始恢复数据文件备份集
通道 ORA_DISK_1：正在指定从备份集恢复的数据文件
正将数据文件 00004 恢复到+DISK1/px/datafile/users.259.774121929
通道 ORA_DISK_1：正在读取备份段 +DISK1/px/backupset/2012_12_21/nnndf0_tag20120415t143542_0.270.780676543
通道 ORA_DISK_1：已恢复备份段 1
```

```
段句柄 = +DISK1/px/backupset/2012_12_21/nnndf0_tag20120415t143542_0.270.
780676543 标记 = TAG20120415T143542
通道 ORA_DISK_1：恢复完成，用时：00:00:02
完成 restore 于 21-12月 -12

RMAN> sql "alter database open";

sql 语句：alter database open
MAN-00571:===========================================================
RMAN-00569:=============== ERROR MESSAGE STACK FOLLOWS ===============
RMAN-00571:===========================================================
RMAN-03009：sql 命令（default 通道上，在 04/15/2012 15:04:41 上）失败
RMAN-11003：在分析/执行 SQL 语句期间失败：alter database open
ORA-01113：文件 4 需要介质恢复
ORA-01110：数据文件 4：'+DISK1/px/datafile/users.259.774121929'

RMAN> recover tablespace users;

启动 recover 于 21-12月 -12
使用通道 ORA_DISK_1

正在开始介质的恢复
介质恢复完成，用时：00:00:03

完成 recover 于 21-12月 -12

RMAN> sql "alter database open";

sql 语句：alter database open

RMAN>
```

由于表空间的 RMAN 恢复需要将实例启动到 MOUNT 状态下方可进行，上面的操作是将实例启动到 MOUNT 状态后执行“restore tablespace users;”命令，用于恢复 USERS 表空间的数据，在恢复后由于 USERS 表空间存在恢复后的介质问题，无法将实例打开，需要进行介质恢复，使用“recover tablespace users;”命令，在完成介质恢复后，Oracle 顺利打开实例。

学习单元 3　数据库表的导入导出

学习目标

➤能够熟练使用数据库导入导出命令

知识要求

一、数据库导入导出概述

Oracle 提供了 Export（导出）和 Import（导入）程序，这两个程序用于将 Oracle 数据库中的数据进行导出与导入，为用户提供了一个在 Oracle 数据库之间进行数据移动的简单方法。

二、Export 命令

1. Export 基本概念

Export 是一种 Oracle 数据库备份工具，也可以作为不同 Oracle 数据库之间传递数据的工具；Export 具有 4 种备份模式，即 full（全库备份）、owner（用户备份）、table（表备份）以及 tablespace（表空间备份）。

使用 Export 命令的数据库用户，必须具有 Oracle 数据库中以下两个权限：CREATE SESSION 和 EXP_FULL_DATABASE。

Export 的导出顺序为：类型定义⟶表定义⟶表数据⟶表索引⟶完整性约束⟶视图⟶存储过程和触发器⟶位图⟶函数⟶区域索引。

2. Export 命令格式

通过在命令行方式下输入 EXP 命令和用户名及口令进行数据的导出。

命令格式：

```
EXP KEYWORD=value 或 KEYWORD=（value1，value2,...，valueN)
```

例子：

```
EXP SCOTT/TIGER GRANTS=Y TABLES=（EMP，DEPT，MGR)
```

3. Export 参数

（1）USERID：用户名/口令。

（2）FULL：导出整个文件（N）。

（3）BUFFER：数据缓冲区大小。

（4）OWNER：所有者用户名列表。

（5）FILE：输出文件（EXPDAT. DMP）。

（6）TABLES：表名列表。

（7）COMPRESS：导入到一个区（Y）。

（8）RECORDLENGTH：IO 记录的长度。

（9）GRANTS：导出权限（Y）。

（10）INCTYPE：增量导出类型。

（11）INDEXES：导出索引（Y）。

（12）RECORD：跟踪增量导出（Y）。

（13）DIRECT：直接路径（N）。

（14）TRIGGERS：导出触发器（Y）。

（15）LOG：屏幕输出的日志文件。

（16）STATISTICS：分析对象（ESTIMATE）。

（17）ROWS：导出数据行（Y）。

（18）PARFILE：参数文件名。

（19）CONSISTENT：交叉表的一致性（N）。

（20）CONSTRAINTS：导出的约束条件（Y）。

（21）OBJECT_CONSISTENT：只在对象导出期间设置为只读的事务处理（N）。

（22）FEEDBACK：每 x 行显示进度（0）。

（23）FILESIZE：每个转储文件的最大大小。

（24）FLASHBACK_SCN：用于将会话快照设置回以前状态的 SCN。

（25）FLASHBACK_TIME：用于获取最接近指定时间的 SCN 的时间。

(26) QUERY：用于导出表的子集的 SELECT 子句。

(27) RESUMABLE：遇到与空格相关的错误时挂起（N）。

(28) RESUMABLE _ NAME：用于标识可恢复语句的文本字符串。

(29) RESUMABLE _ TIMEOUT：RESUMABLE 的等待时间。

(30) TTS _ FULL _ CHECK：对 TTS 执行完整或部分相关性检查。

(31) TABLESPACES：要导出的表空间列表。

(32) TRANSPORT _ TABLESPACE：导出可传输的表空间元数据（N）。

(33) TEMPLATE：调用 iAS 模式导出的模板名。

三、Import 命令

1. Import 命令的基本概念

Import 程序是将 Export 程序导出的数据文件导入到 Oracle 数据库中的工具。

使用 Import 命令的数据库用户，必须具有 Oracle 数据库中以下两个权限：CREATE SESSION 和 IMP _ FULL _ DATABASE。

2. Import 命令格式

通过在命令行方式下输入 Import 命令和用户名及口令进行数据的导入。

命令格式：

```
IMP KEYWORD=value 或 KEYWORD=（value1，value2,...，valueN)
```

例子：

```
IMP SCOTT/TIGER IGNORE=Y TABLES=（EMP，DEPT）FULL=N
```

3. Import 参数

(1) USERID：用户名/口令。

(2) FULL：导入整个文件（N）。

(3) BUFFER：数据缓冲区大小。

(4) FROMUSER：所有者用户名列表。

(5) FILE：输入文件（EXPDAT. DMP）。

(6) TOUSER：用户名列表。

(7) SHOW：只列出文件内容（N）。

(8) TABLES：表名列表。

(9) IGNORE：忽略创建错误（N）。

（10）RECORDLENGTH：IO 记录的长度。

（11）GRANTS：导入权限（Y）。

（12）INCTYPE：增量导入类型。

（13）INDEXES：导入索引（Y）。

（14）COMMIT：提交数组插入（N）。

（15）ROWS：导入数据行（Y）。

（16）PARFILE：参数文件名。

（17）LOG：屏幕输出的日志文件。

（18）CONSTRAINTS：导入限制（Y）。

（19）DESTROY：覆盖表空间数据文件（N）。

（20）INDEXFILE：将表/索引信息写入指定的文件。

（21）SKIP_UNUSABLE_INDEXES：跳过不可用索引的维护（N）。

（22）FEEDBACK：每 x 行显示进度（0）。

（23）TOID_NOVALIDATE：跳过指定类型 ID 的验证。

（24）FILESIZE：每个转储文件的最大大小。

（25）STATISTICS：始终导入预计算的统计信息。

（26）RESUMABLE：在遇到有关空间的错误时挂起（N）。

（27）RESUMABLE_NAME：用来标识可恢复语句的文本字符串。

（28）RESUMABLE_TIMEOUT：RESUMABLE 的等待时间。

（29）COMPILE：编译过程，程序包和函数（Y）。

（30）STREAMS_CONFIGURATION：导入流的一般元数据（Y）。

（31）STREAMS_INSTANTIATION：导入流实例化元数据（N）。

（32）TRANSPORT_TABLESPACE：导入可传输的表空间元数据（N）。

（33）TABLESPACES：将要传输到数据库的表空间。

（34）DATAFILES：将要传输到数据库的数据文件。

（35）TTS_OWNERS：拥有可传输表空间集中数据的用户。

第 3 节　数据库常见故障

学习目标

➢熟悉常见的连接问题

➢熟悉字符集问题的处理

➢熟悉 Exp/Imp 的跨版本使用

知识要求

一、数据库连接常见故障

要排除客户端与服务器端的连接问题，首先检查客户端配置是否正确（客户端配置必须与数据库服务器端监听配置一致），再根据错误提示解决。下面列出了几种常见的连接问题：

1. ORA-12541：TNS：没有监听器

显而易见，服务器端的监听器没有启动，另外，还需检查客户端 IP 地址或端口填写是否正确。启动监听器：

```
$ lsnrctl start
```

或

```
C：\ lsnrctl start
```

2. ORA-12500：TNS：监听程序无法启动专用服务器进程

对于 Windows 而言，此故障是没有启动 Oracle 实例服务。启动实例服务：

```
C:\oradim - startup -sid myoracle
```

3. ORA-12535：TNS：操作超时

出现这个问题的原因很多，但主要跟网络有关。要解决这个问题，首先检查客户端与服务器端的网络是否畅通，如果网络连通，则检查两端的防火墙是否阻挡了连接。

4. ORA-12154：TNS：无法处理服务名

检查输入的服务名与配置的服务名是否一致。另外，注意生成的本地服务名文件（Windows下如D:\oracle\ora92\network\admin\tnsnames.ora，Linux/UNIX下$ORACLE_HOME/network/admin/tnsnames.ora）里每项服务的首行服务名称前不能有空格。

5. ORA-12514：TNS：监听进程不能解析在连接描述符中给出的SERVICE_NAME

打开Net Manager，选中服务名称，检查服务标识栏里的服务名输入是否正确。该服务名必须与服务器端监听器配置的全局数据库名一致。

6. Windows下启动监听服务提示找不到路径

用命令或在服务窗口中启动监听提示找不到路径，或监听服务启动异常。打开注册表，进入HKEY_LOCAL_MACHINE/SYSTEM/Current ControlSet/Services/OracleOraHome92TNSListener项，查看ImagePath字符串项是否存在，如果没有，设定值为D:\oracle\ora92\BIN\TNSLSNR，不同的安装路径设定值做相应的更改。这种方法同样适用于Oracle实例服务，同上，找到如同HKEY_LOCAL_MACHINE/SYSTEM/Current ControlSet/Services/Oracle ServiceMYORACLE项，查看ImagePath字符串项是否存在，如果没有，则新建，设定值为d:\oracle\ora92\binORACLE. EXE MYORACLE。

以上是Oracle客户端连接服务器端常见的一些问题，当然不能囊括所有的连接异常。解决问题的关键在于方法与思路，而不是每种问题都有固定的答案。

二、数据库操作常见故障

1. 字符集问题

Oracle多国语言设置是为了支持世界范围的语言与字符集，一般对语言提示、货币形式、排序方式和CHAR、VARCHAR2、CLOB、LONG字段的数据的显示等有效。Oracle的多国语言设置最主要的两个特性就是国家语言设置与字符集设置，国家语言设置决定了界面或提示使用的语言种类，字符集设置决定了数据库保存与字符集有关数据（如文本）时的编码规则。

Oracle字符集设定分为数据库字符集和客户端字符集环境设置。在数据库端，字符集在创建数据库的时候设定，并保存在数据库props$表中。

在客户端的字符集环境比较简单，主要就是环境变量或注册表项NLS_LANG，注意NLS_LANG的优先级别为：参数文件＜注册表＜环境变量＜alter session。如果客户端字符集和服务器端字符集不一样，而且字符集的转换也不兼容，那么客户端的数据显示与导出导入的与字符集有关的数据将都是乱码。

使用一点点技巧，就可以使导出/导入在不同字符集的数据库上转换数据。这里需要一个二进制文件编辑工具即可，如 uedit32。用编辑方式打开导出的 dmp 文件，获取 2、3 字节的内容，如 0001，先把它转换为十进制数，为 1，使用函数 NLS _ CHARSET _ NAME 即可获得该字符集：

```
SQL> select nls_charset_name(1) from dual;
NLS_CHARSET_NAME(1)
-------------------
US7ASCII
```

可以知道该 dmp 文件的字符集为 US7ASCII，如果需要把该 dmp 文件的字符集换成 ZHS16GBK，则需要用 NLS _ CHARSET _ ID 获取该字符集的编号：

```
SQL> select nls_charset_id('zhs16gbk') from dual;
  NLS_CHARSET_ID('ZHS16GBK')
  --------------------------
```

把 852 转换成十六进制数，为 354，把 2、3 字节的 0001 换成 0354，即完成了把该 dmp 文件字符集从 US7ASCII 到 ZHS16GBK 的转化，这样，再把该 dmp 文件导入到 ZHS16GBK 字符集的数据库就可以了。

2. 版本问题

EXP/LMP 很多时候可以跨版本使用，如在版本 7 与版本 8 之间导入导出数据，但这样做必须选择正确的版本，规则为：总是使 IMP 的版本匹配数据库的版本，如果要导入到 816，则使用 816 的导入工具。总是使用 EXP 的版本匹配两个数据库中低的那个版本，如在 815 与 816 之间互导，则使用 815 的 EXP 工具。

IMP 和 EXP 版本不能往上兼容：IMP 可以导入低版本 EXP 生成的文件，不能导入高版本 EXP 生成的文件。